Crescence Virginie Mfegue
Didier Tharrreau
Michel Ducamp

Phytophthora megakarya, pathogène du cacaoyer au Cameroun

Crescence Virginie Mfegue
Didier Tharrreau
Michel Ducamp

Phytophthora megakarya, pathogène du cacaoyer au Cameroun

Origine et dispersion à l'échelle continentale et locale

Presses Académiques Francophones

Impressum / Mentions légales
Bibliografische Information der Deutschen Nationalbibliothek: Die Deutsche Nationalbibliothek verzeichnet diese Publikation in der Deutschen Nationalbibliografie; detaillierte bibliografische Daten sind im Internet über http://dnb.d-nb.de abrufbar.

Information bibliographique publiée par la Deutsche Nationalbibliothek: La Deutsche Nationalbibliothek inscrit cette publication à la Deutsche Nationalbibliografie; des données bibliographiques détaillées sont disponibles sur internet à l'adresse http://dnb.d-nb.de.

Coverbild / Photo de couverture: www.ingimage.com

Verlag / Editeur:
Presses Académiques Francophones
ist ein Imprint der / est une marque déposée de
AV Akademikerverlag GmbH & Co. KG
Heinrich-Böcking-Str. 6-8, 66121 Saarbrücken, Deutschland / Allemagne
Email: info@presses-academiques.com

Herstellung: siehe letzte Seite /
Impression: voir la dernière page
ISBN: 978-3-8381-7733-5

CENTRE INTERNATIONAL D'ETUDES SUPERIEURES EN SCIENCES AGRONOMIQUES - MONTPELLIER SUPAGRO

THÈSE

Pour obtenir le grade de
Docteur de Montpellier SupAgro

Spécialité : Biologie Intégrative des Plantes (BIP)
École doctorale : Systèmes Intégrés en Biologie, Agronomie, Géosciences, Hydrosciences et Environnement (SIBAGHE)

Présentée et soutenue publiquement par

MFEGUE Crescence Virginie
Le 24 septembre 2012

Origine et mécanismes de dispersion des populations de *Phytophthora megakarya*, pathogène du cacaoyer au Cameroun

Jury

M. Marc-André SELOSSE Professeur à l'Université Montpellier II	Président
M. Ivan SACHE Chargé de recherche à l'INRA de Grignon	Rapporteur
M. Bruno LE CAM Chargé de recherche à l'INRA d'Angers	Rapporteur
M. Salomon NYASSE Maitre de Recherche à l'IRAD Cameroun	Examinateur
M. Didier THARREAU Chargé de recherche au CIRAD Montpellier	Directeur de thèse
M. Michel DUCAMP Chargé de recherche au CIRAD Montpellier	Encadrant

A Anthony et Tevin, source de bonheur au quotidien !
A elle aussi…

Remerciements

Après plus de 3 années de thèse, et bien d'avantage pour la mise en place du projet, plusieurs noms et de nombreux visages me viennent à l'esprit. J'essayerai de les citer tous, sans grand espoir d'y parvenir, tant la liste est longue.

Un grand merci à **Marc-André Selosse**, **Ivan Sache** et **Bruno Lecam** pour l'honneur qu'ils me font d'être dans mon jury de thèse. Je remercie aussi chaleureusement les membres de mon comité de thèse : **Rejane Streiff**, **Virginie Ravigné**, **Pascal Frey** et **Jean Carlier** qui m'ont conseillée avec une grande efficacité.

Un grand merci à **Didier Tharreau** pour sa direction précise et sa patience face aux états d'âme d'une thésarde. Tu m'as encadrée avec pertinence et rigueur, tout en me laissant la liberté d'explorer différentes pistes de réflexion. J'ai beaucoup appris, notamment sur la précision de la réflexion et l'humilité du scientifique. Un merci très chaleureux à **Michel Ducamp** qui a toujours été là, de l'initiation du projet à sa finalisation. Tu m'as accueillie pour la première fois en 2005, et cette thèse, je te la dois en partie. Dans la foulée, je remercie aussi **Christian Cilas**, **Martijn Ten Hoppen**, **François Bonnot**, **Elizabeth Fournier**… pour leur contribution scientifique dans la réalisation de cette thèse.

Merci à **Jean-Loup Nottéghem**, **Philippe Rott**, **Marie-Line Caruana** et **Jean Carlier** pour leur soutien sur le plan administratif et leurs nombreux mots d'encouragements. Je joins à cette rubrique **Geneviève Bourelly**, **Florence Barthod**, **Marie-Carmen Martinez**, **Corinne Michel** et **Dominique Lagrenée**, dont la disponibilité et la sympathie ont facilité mes démarches administratives et émaillé ces années de sourires. A travers vous, c'est tout BGPI que je veux remercier pour l'accueil et la sympathie de tous. J'ai fini par m'y croire à la maison.

Merci à **Salomon Nyassé** et toute la Direction de l'IRAD Cameroun. Merci aussi à **Annick Mallet** du SCAC Yaoundé, **Eileen Hereira** d'USDA et **Kelly Ivors** de NC State University pour le soutien scientifique, logistique et financier.

Un merci plein d'affection à des personnes de cœur, qui m'ont accompagnée, encouragée, soutenue : **Gary Samuels** d'ARS-USDA, **Eric Tollens** de KU Leuven, Merci aussi à feu le **Professeur Foko** pour qui j'avais une admiration infinie, à mon tonton **François Tsala**

Abina et à **Dieudonné Nwaga.** Je veux chaleureusement dire merci à mes ainés et/ou collègues de l'IRAD et du CIRAD : **Pierre Tondje, Luc Dibog, Dieudonné Bidzanga, Bella Manga, Michael Mbenoun, Bruno Efombagn, Didier Begoude, Régis Babin, Peninna Deberdt, Pauline Moundjoupou, Olivier Sounigo, Patrick Jagoret, Constant Amougou, Eddy Ngonkeu, Yede, Zacharie, Essomo** (*chef terre*), **Charlot, Vincent, Polycarpe, Sandrine, Romuald, Raymond, Junior, papa Mo** et tous les « entomo ».

Et voici le temps de remercier celle qui a guidé mes premiers pas de "généticienne" : **Claude Herail**. Ma première extraction d'ADN, ma première PCR… c'était avec toi. Et si aujourd'hui tout cela est devenu routine et réflexe, je te le dois. Merci pour ta patience et ton amitié tout au long de ces années. Un grand merci aussi à **Henri Adreit** qui m'a initiée au genotypage et à Genemapper. Je n'oublie pas **Véronique Roussel** (*bichette*), **Marie-Françoise Zapater, Luc Pignolet, Joëlle Milazzo, Rémy Habas, Loïc Fontaine**… mes compagnons de laboratoire ou de pause-café, **Katia Bonnemayre**, la patronne des milieux de culture. Merci aussi à **Frédérique Cerqueira** pour sa disponibilité.

Camarades ex-thésards, merci ! Merci à **Dounia** pour les brainstormings au bout d'un couloir, les échanges de logiciels, fichiers et autres petits secrets de thèse, les formations informelles et tous ces mots d'encouragements prodigués avec douceur. Merci à **Stéphanie** et **Juliette**, de jeunes docteurs toujours promptes à aider une thésarde en souffrance. Un grand merci à **Adrien Rieux** et **Jean Pecoud,** qui m'ont apporté une aide inestimable pour les analyses. Mes encouragements à **Guy, Josué, Enrike, Pauline, Nguyen, Imène**… des thésards en cours.

Un merci tout particulier à **Mireille Okassa** et **Lydie Stella Koutika**, mes 2 amies. Vous avez joué un rôle majeur dans cette tranche de ma vie. Au cours de ces années de thèse, je me suis aussi fait de vrais amis que je souhaite remercier : **Anny André** et **Jean-Michel, Clémence Chaintreuil, Philippe Lajudie, Jean-Marie** du CBGP, **Annie Gonzalez** et toute la bande, **Sylvie Ngwikui, Golettie Mbouga**…

Merci à ma famille : mes fils **Anthony** et **Tevin**, soutien de poids ; **mon père** qui nous a montré l'exemple de l'abnégation et de l'endurance, et à qui je dédie aussi ce travail ; **ma mère**, femme simple toujours à l'écoute ; mes frères et sœurs : **Sylvie, Jo, José** et tous les autres. Vous m'avez toujours encouragée et suivie. Merci ! Merci aussi à toi, **Patrick**.

Je t'ai certainement oublié, toi qui n'as pas retrouvé ton nom dans cette liste, mais ne t'en offusque pas, j'ai ton nom serré dans le cœur. Merci !

TABLE DES MATIERES

LISTE DES FIGURES

LISTE DES TABLEAUX

Introduction générale

I. Les maladies émergentes chez les végétaux

1. Problématique de l'émergence

« Il apparait constamment, dit-on, des maladies nouvelles qu'on n'avait jamais vues auparavant et dont on n'avait même jamais entendu parler ; [...] Il est et il demeure incontestable qu'au cours de ces dernières années de nouvelles maladies parasitaires ont surgi, et surgissent chaque jour et que des maladies gagnent souvent de l'extension dans tous les pays du monde ». C'est ainsi qu'(Eriksson, 1912) a formulé au début du siècle dernier la problématique des maladies émergentes chez les végétaux. Plus tard, (Robinson, 1996) décrira l'émergence comme étant le résultat de la rencontre inédite d'un parasite et d'un végétal qui jusque-là n'était pas ou plus son hôte. Le phénomène fait suite à la survenue de conditions favorables au développement et à la dissémination d'un agent pathogène déjà présent (indigène) ou introduit (exotique). Ainsi, le 19e siècle fût marqué par de grandes invasions parasitaires, notamment le mildiou de la pomme de terre causé par *Phytophthora infestans*, à l'origine de la grande famine qui décima 20% de la population irlandaise entre 1845 et 1849 (Berkeley, 1846, Ristaino, 2002). Le 20e siècle a également été marqué par l'apparition de nouvelles maladies infectieuses et leur extension dans des zones géographiques jusque-là indemnes ou à des espèces végétales jusqu'alors non-hôte (Barnouin and Sache, 2010, Desprez-Loustau et al., 2007). Dans ce chapitre nous nous intéresserons essentiellement aux champignons pathogènes et aux Oomycètes car ils sont à l'origine de la majorité des maladies émergentes chez les végétaux. Leur recrudescence est étroitement liée à la globalisation des échanges et l'introduction subséquente d'agents pathogènes dans de nouveaux écosystèmes (Brown et al., 2001) ; (Pysek et al., 2010). (Anderson et al., 2004) proposent qu'une maladie émergente est causée par un agent pathogène (i) dont l'incidence, la distribution géographique ou la gamme d'hôtes se sont accrues ; (ii) dont la pathogénicité a augmenté de façon significative ; (iii) qui a récemment évolué génétiquement ; ou (iv) dont la découverte est récente. Les changements environnementaux, la domestication d'espèces sauvages, l'augmentation des échanges et l'intensification des systèmes de production sont autant de facteurs pouvant expliquer l'émergence ou la réémergence des maladies des plantes.

2. Mécanismes d'émergence d'un agent pathogène

L'apparition d'un agent pathogène fait partie de son histoire évolutive, laquelle détermine en partie son potentiel d'adaptation à l'hôte. Il est donc nécessaire d'en comprendre les mécanismes. Dans un contexte d'émergence, Stukenbrock et McDonald (2008) proposent 3 modèles évolutifs pour les agents pathogènes de plantes : (1) le « host-tracking », qui indique une coévolution de l'agent pathogène avec son hôte pendant la domestication de ce dernier ; (2) le saut d'hôte à partir d'espèces natives, suite à l'introduction d'espèces végétales dans des zones de prévalence de l'agent pathogène ; (3) le transfert horizontal de gènes. Ces mécanismes ne sont pas exclusifs, et ils peuvent se combiner pour expliquer de façon plus réaliste certaines émergences. A titre d'exemples, un saut d'hôte peut suivre un transfert horizontal tout comme un « host tracking » peut être précédé d'un saut d'hôte.

a. Le « host-tracking »

La domestication des plantes à partir d'espèces sauvages favorise la sélection simultanée de certains génotypes de la plante et de génotypes adaptés de l'agent pathogène. Ce dernier co-évolue avec son hôte dans les nouveaux agro-écosystèmes, et suit les migrations de l'hôte lors de l'expansion de la culture (Stukenbrock and McDonald, 2008). C'est le cas de *P. infestans* dont l'histoire évolutive suggère une co-évolution avec la pomme de terre au cours de sa domestication. Une étude généalogique a ainsi établi un « host-tracking » à partir des Andes des haplotypes de *P. infestans* responsables de l'épidémie aux Etats-Unis, et de la grande famine du 19e siècle en Europe (Gomez-Alpizar *et al.*, 2007). Il en est probablement de même pour *Magnaporthe oryzae,* dont la propagation dans les aires de culture du riz s'est faite simultanément avec son hôte (Couch et al., 2005) ; Saleh, 2011). Les 2 Ascomycètes *Mycosphaerella graminicola* et *Venturia inaequalis* sont d'autres exemples d'agents pathogènes ayant évolué avec leurs hôtes respectifs (blé et pommier) par « host-tracking » (Stukenbrock et al., 2007) ; (Antonovics et al., 2010).

b. Le saut d'hôte

Le saut d'hôte se fait généralement à la suite de l'introduction d'une plante ou d'un agent pathogène dans une nouvelle zone géographique. Dans le premier cas, un agent pathogène issu d'une plante native, sauvage ou cultivée, s'adapte au nouvel hôte introduit dans l'agro-système. C'est le cas de *Puccinia psidii* qui se serait adapté à l'Eucalyptus à partir d'une Myrtacée sauvage (Coutinho *et al.*, 1998). Dans le deuxième cas, un agent pathogène exotique est introduit et passe sur des populations d'hôtes apparentés ou non à son hôte d'origine (Antonovics *et al.*, 2002). Quand l'hôte alternatif est apparenté à l'hôte natif du point de vue taxonomique, Stukenbrock et McDonald (2008) parle de changement d'hôte (« host shift »), contrairement au saut d'hôte (« host jump ») qui se fait entre des espèces éloignées sur le plan taxonomique. A titre d'exemple, l'histoire évolutive de *P. infestans* repose sur un saut d'hôte à partir d'une Solanacée sauvage (Gomez-Alpizar *et al.*, 2007). De même, il semble établi que *M. oryzae* est passé sur le riz suite à un saut d'hôte à partir d'un millet (Couch *et al.*, 2005), et que le passage de *Rhyncosporium secalis* sur l'orge cultivé s'est fait à partir d'une espèce sauvage de Poaceae (Bonman *et al.*, 1992). Dans le cas des châtaigniers infectés en Amérique du Nord à partir d'introductions de *Cryphonectria parasitica* en provenance de l'Asie du sud-est, l'émergence par saut d'hôte s'est produite par introduction de matériel végétal infecté dans des zones où existent des populations d'un hôte natif apparenté (Stukenbrock and McDonald, 2008 ; (Dutech et al., 2010).

c. Le transfert horizontal de gènes (HGT)

Le transfert de matériel génétique est également source d'émergence d'agents pathogènes virulents sur de nouveaux hôtes. Ce processus entraine d'une part l'élargissement de la gamme d'hôtes d'un agent pathogène, et d'autre part l'acquisition ou l'augmentation de son pouvoir pathogène. Le transfert peut se faire entre des espèces très distantes génétiquement, voire des règnes distincts. C'est le cas de *Botrytis cinerea* qui aurait acquis certains gènes impliqués dans le pouvoir pathogène par transfert à partir de plantes et bactéries (Zhu *et al.*, 2012). Il arrive aussi que le transfert se fasse au sein de la même espèce. C'est le cas du transfert de mini-chromosomes qui ont rendu certaines lignées de *Fusarium oxysporum* pathogènes de la tomate (Ma *et al.*, 2010) ou de *Nectria haematococca* sur pois (Brown *et al.*, 1980). Quand un génome entier est transféré, l'on parle d'hybridation intra- ou interspécifique. Ces hybridations sont à l'origine d'une part importante des invasions biologiques (Ellstrand and Schierenbeck, 2000). Elles peuvent entrainer des variations du nombre de chromosomes et de la ploidie, ainsi que des réarrangements génomiques. Ce phénomène est courant chez les Oomycètes et les champignons phytopathogènes, chez lesquels des hybrides naturels sont à l'origine d'interactions avec de nouveaux hôtes. C'est respectivement le cas de *Phytophthora alni*, pathogène de l'aulne, et de l'Ascomycète *Ophiostoma ulmi*, pathogène de l'orme (Schardl and Craven, 2003) ; (Bell, 2008) ; (Stukenbrock and McDonald, 2008).

3. Centre d'origine et centre de diversité d'un agent pathogène

La notion de centre d'origine a été définie pour la première fois par (Vavilov, 1926). Sur la base de critères morphologiques, il a établi une analogie entre le centre d'origine des plantes cultivées et leur centre de diversité. Cette théorie confirmée dans la majorité des cas par des analyses moléculaires, stipule que le centre d'origine est caractérisé par une forte diversité génétique qui diminue au fur et à mesure que l'on s'en éloigne. Une forte diversité locale peut cependant résulter de phénomènes d'introgression à partir d'espèces sauvages ou tout simplement refléter une diversité écologique (Harlan, 1951). Dans ce cas, le centre d'origine de la plante ne correspondra pas nécessairement à son centre de diversité, d'où la notion de centre de diversification secondaire introduite par (Brown, 2000).

Dans un contexte d'émergence, la question du centre d'origine se pose surtout pour l'agent pathogène. De façon générale, le point d'apparition d'un agent pathogène reste souvent inconnu puisque l'émergence ne devient visible que lorsque la maladie s'étend sur une zone géographique significative et cause des dégâts appréciables (Barnouin and Sache, 2010). Dans le cas d'une émergence par « host-tracking », l'hypothèse la plus probable est celle d'un centre d'origine commun entre l'agent pathogène et son hôte, tandis que dans des émergences par saut d'hôte ou par transfert de gènes, le centre d'origine de l'agent pathogène peut être différent de celui de l'hôte.

En l'absence de données historiques sur l'origine et les voies d'introduction d'un agent pathogène émergent, l'identification du centre d'origine est rendue possible par des approches intégrant la génétique des populations (analyse de la variation de marqueurs moléculaires), la biologie évolutive et la bioinformatique (simulations et tests de scénarios par exemple). Bien souvent, la dispersion à longue distance est précédée d'une expansion locale et d'une diversification d'un agent pathogène. La conséquence est l'existence d'une diversité maximale dans le centre d'origine. La notion de « **tête de pont** » illustre le cas particulier où une population envahissante particulière devient la source de plusieurs autres populations envahissantes dans de nouvelles zones, éloignées de la précédente (Brown and Hovmoller, 2002). La figure 1 représente 3 scénarios d'expansion distincts (Saleh, 2011).

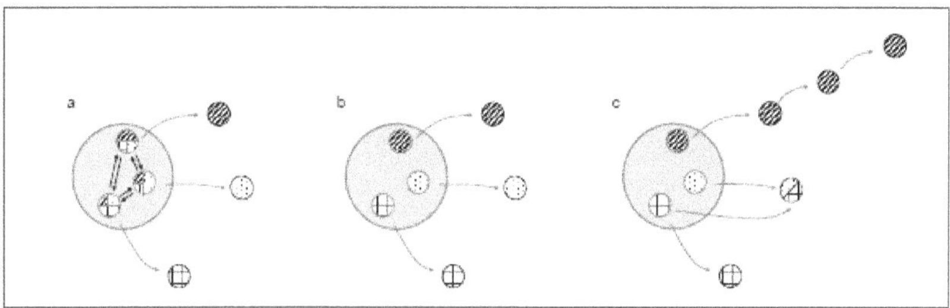

Figure 1. Scénarios d'expansion et de diversification de l'agent pathogène dans son centre d'origine (Saleh, 2011)**.**
Dans ces 3 cas, le centre d'origine (grand cercle) est un centre de diversification composé de différentes populations (petits cercles), et un centre de dispersion vers d'autres régions.
a. Ce premier scénario représente des flux de migrants entre les populations à l'intérieur du centre d'origine, et vers les autres régions. Une forte diversité génétique intra population y est alors détectée, ainsi qu'une diversité intra région maximale.
b. Dans le deuxième scénario, le centre d'origine est constitué de populations différenciées qui migrent indépendamment vers d'autres régions. La diversité intra région reste élevée, mais la diversité intra population est plus faible que dans le cas précédent.
c. Le troisième scénario décrit 2 phénomènes : d'une part, des populations dans les zones introduites ont reçu des migrants depuis différentes populations du centre d'origine. Une diversité génétique intra région y est détectée mais la diversité génétique intra population la plus forte est détectée dans une aire d'introduction. D'autre part, la population (hachurée) joue un rôle de « tête de pont ».

Cependant, les centres d'origine et d'expansion d'un agent pathogène peuvent être différents (figure 2). C'est le cas de *Mycosphaerella graminicola*, dont le centre de diversité coïncide avec celui du blé dans le croissant fertile, mais diffère de son centre d'origine (Banke et al., 2004) ; (Banke and McDonald, 2005) ; Stukenbrock and McDonald, 2008).

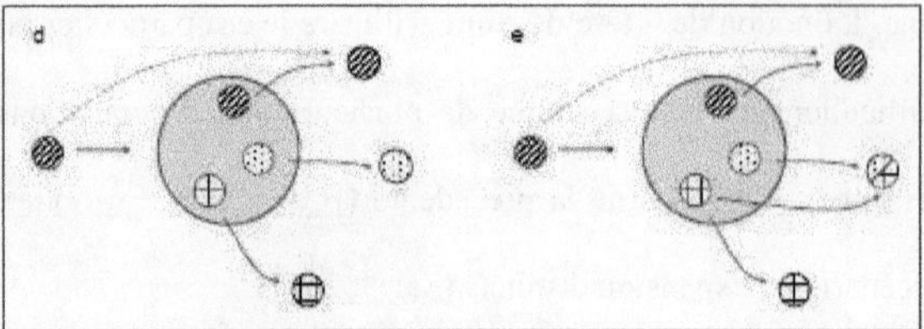

Figure 2. Scénarios d'expansion et de diversification de l'agent pathogène hors de son centre d'origine (Saleh, 2011).
Dans ces 2 cas, le centre d'origine (petit cercle) est différent du centre de diversification (grand cercle) et de dispersion vers d'autres régions.
a. Dans ce premier scénario, la diversité génétique intra région la plus forte n'est plus détectée dans le centre d'origine, mais dans le centre de diversification et de dispersion.
b. Dans ce deuxième cas, certaines populations des zones introduites ont reçu des migrants depuis différentes populations du centre de diversification. La diversité génétique intra région la plus forte est détectée dans le centre de diversification et de dispersion et la diversité génétique intra population la plus forte est détectée dans une zone introduite.

II. Déterminants du succès invasif des agents pathogènes

L'émergence d'une maladie est en fait une invasion. La biologie et la génétique des invasions constituent des champs de recherche très riches qui ont encore été peu exploités dans le cas des émergences des agents phytopathogènes. Les paragraphes qui suivent ont pour objectif de faire le lien entre des notions classiques en biologie et génétique des invasions et les connaissances sur les émergences de champignons et Oomycètes pathogènes de plantes.

Face à une maladie émergente, une question centrale est celle de savoir quels sont les déterminants du succès invasif de l'agent pathogène, parfois récemment découvert et peu décrit. L'invasion biologique représente l'établissement et l'expansion d'une espèce dans une région géographique où elle n'était pas indigène (Facon *et al.*, 2006). Certains traits biologiques semblent essentiels à l'invasion. La question de la réussite du processus invasif peut de ce fait être étudiée du point de vue des traits liés notamment à la capacité à disperser et à faire de la reproduction sexuée ou asexuée, ainsi que la tolérance à l'hétérogénéité de l'environnement. De façon plus générale, la réussite d'une invasion biologique implique une adéquation entre un organisme et l'environnement dans lequel il est introduit (Facon et al., 2006) ; (Bruggeman et al., 2003) ; (Burch and Chao, 1999). Il s'agit dans ce cas d'élucider les facteurs écologiques et évolutifs ayant favorisé l'émergence de l'agent pathogène et permis la réussite de son expansion.

1. Approche biologique

a. Cycle de vie de l'agent pathogène

Une connaissance approfondie du cycle de vie et des particularités biologiques d'un organisme envahissant est un préalable pour l'étude de son succès invasif. Les champignons et Oomycètes phytopathogènes présentent des cycles de vie souvent complexes et spécifiques, impliquant parfois plusieurs plantes hôtes, l'alternance entre différents modes de reproduction et l'association de différentes structures de dispersion ou de survie. De par les millions de spores que certaines espèces sont en mesure de produire à partir d'une seule plante infectée, et la rapidité de leurs cycles (souvent plusieurs générations par an), on peut s'attendre à ce que ces organismes puissent s'adapter de façon particulièrement rapide.

b. Mode de reproduction

L'aptitude d'un organisme à s'adapter à son environnement est étroitement liée à son mode de reproduction. Si la reproduction sexuée est largement répandue chez les plantes et les animaux, les champignons combinent potentiellement plusieurs modes de reproduction (sexuée, asexuée ou parasexuée) (Taylor *et al.*, 1999). Dans le cadre d'une invasion biologique, ces modes de reproduction présentent chacun des avantages et des inconvénients. La reproduction sexuée est source de diversité génotypique grâce à la recombinaison (création de nouveaux génotypes multilocus). Elle favorise à ce titre l'adaptation de l'agent pathogène au nouvel environnement. Cependant, elle casse les bonnes combinaisons d'allèles, contrairement à la reproduction asexuée qui les amplifie. L'inconvénient de la reproduction asexuée est qu'elle ne génère de nouveaux génotypes que par mutation. Il y a donc une balance entre les avantages et les inconvénients, et le succès invasif ne dépend pas seulement du mode de reproduction de l'envahisseur, mais de sa combinaison avec d'autres facteurs tels la pression de sélection et la taille de population.

Outre son rôle dans la recombinaison, la reproduction sexuée a aussi des conséquences biologiques. Elle intervient par exemple dans la survie de l'agent pathogène, notamment dans des écosystèmes naturels (faibles densités d'hôtes), où elle permet chez certaines espèces la production de structures de conservation indispensable pendant les périodes d'absence de l'hôte. Elle peut également être liée à un mode de dispersion à longue distance par dissémination des spores issues de la reproduction sexuée. Il peut donc y avoir une pression de sélection pour le maintien de la reproduction sexuée sans lien avec la diversité génotypique qu'elle peut générer. C'est le paradoxe du sexe : il devrait être perdu du fait de son coût mais il est souvent maintenu pour des raisons qui n'ont rien à voir avec la recombinaison (Otto and Lenormand, 2002).

A l'inverse, l'intensification de l'agriculture s'accompagne parfois d'une perte de la reproduction sexuée sur l'hôte cultivé, contrairement à l'hôte sauvage. En effet, le passage vers la reproduction asexuée augmente la probabilité d'envahir rapidement des populations d'hôtes génétiquement homogènes et de forte densité dans les agro-systèmes, et contribue de ce fait à la croissance démographique des populations et au succès invasif de l'agent pathogène (Bunting *et al.*, 1996). C'est le cas de *M. oryzae* qui se reproduit de manière asexuée sur le riz cultivé dans la plupart des aires de culture (Kumar *et al.*, 1999), mais qui était probablement sexuée dans son aire d'origine (Saleh *et al.*, 2012). Il arrive cependant qu'un agent pathogène revienne vers un mode de reproduction sexuée. Ainsi, une étude menée sur *P. infestans* aux Pays-Bas a montré qu'un retour au sexe faisant suite à l'introduction de souches A2 s'est accompagné d'un regain de virulence favorable à l'envahissement de nouvelles populations d'hôtes préalablement résistantes (Drenth *et al.*, 1994). Ainsi, lors des invasions biologiques, tous les cas de figure sont possibles: soit le maintien du sexe pour des besoins de survie ou de dispersion, soit une perte du sexe quand il n'y a pas de nécessité biologique où à la suite de goulots d'étranglement.

c. Capacité de dispersion

Le succès invasif d'un agent pathogène est lié à sa capacité de dispersion. Il existe en effet un lien étroit entre la dispersion, les flux de gènes et la structure génétique et démographique des populations d'un agent pathogène (Lawson Handley *et al.*, 2011). Elle constitue de ce fait un élément essentiel dans la prédiction des risques invasifs. La dispersion naturelle se fait sous l'effet de facteurs abiotiques ou biotiques et permet à l'agent pathogène de migrer sur des distances plus ou moins longues (échelle parcellaire, régionale, continentale ou mondiale ; (Brown and Hovmoller, 2002). La plupart des champignons et Oomycètes phytopathogènes ont la capacité de produire des spores par voie sexuée ou asexuée afin d'assurer leur dispersion (Palm, 2001). C'est le cas de *Puccinia striiformis*, agent de la rouille des céréales dont le passage de l'Australie vers la Nouvelle-Zélande se fait par la dispersion aérienne des urédospores (Burke *et al.*, 2007). Il en est de même pour *Claviceps africana* qui disperse sur de longues distances à l'aide de spores aériennes (Palm, 2001). La mise en œuvre de quarantaines, efficace pour confiner certains agents pathogènes, s'avère inefficace pour de telles espèces au mode de dispersion par voie aérienne (Brown and Hovmoller, 2002).

La composante anthropique est quant à elle responsable de la dispersion sur de très longues distances (échelle mondiale) de nombreux champignons phytopathogènes et de leur émergence dans les nouveaux environnements sur des plantes natives. C'est le cas de *Phytophthora ramorum* récemment introduit sur la Côte Ouest des Etats-Unis. Cet agent pathogène y cause des dégâts considérables sur le chêne, et a mis en péril les forêts californiennes au cours de la dernière décennie (Buckler *et al.*, 2001). L'action de l'homme est exacerbée dans un contexte de globalisation des échanges à travers notamment l'introduction de matériel végétal infecté dans des zones jusque-là indemnes. Par ailleurs, la redistribution des espèces végétales hors de leur centre d'origine s'accompagne souvent de celle des agents pathogènes associés, à l'origine d'épidémies dévastatrices. Nous pouvons citer les cas de *M. fijensis* associé au bananier et *C. parasitica* pathogène du châtaignier introduit à partir de l'Asie (Fry et al., 1993) ; (Brown and Hovmoller, 2002). En outre, les échanges internationaux de matériel végétal dans des programmes de sélection conduisent parfois à l'implantation de gènes de résistance identiques au niveau mondial. Du fait de cette homogénéisation, l'émergence de nouvelles races de l'agent pathogène accroit considérablement le risque d'invasion à l'échelle globale.

2. Composante génétique du processus invasif

L'invasion s'accompagne généralement d'une diminution de la diversité génétique chez l'agent pathogène Cette réduction est une conséquence du faible nombre d'individus introduits (petite taille de population) au moment de la fondation des nouvelles populations (Burke *et al.*, 2010). Dans les cas les plus sévères, la diversité génétique s'effondre de manière drastique du fait de goulots d'étranglements (Lawson Handley et al., 2011) ; (Puillandre et al., 2008). Il s'en suit une réduction significative de la richesse allèlique (du fait de la perte d'allèles rares) et dans une moindre mesure de l'hétérozygotie. Cependant, l'effet de fondation avec des goulots d'étranglement semble au contraire participer du succès invasif dans de nombreux cas, malgré les attendus. C'est l'un des paradoxes de l'invasion. Selon (Butler, 2010), le succès invasif reposerait essentiellement sur la pression des propagules de l'agent pathogène, laquelle tient compte du nombre d'individus introduits et du nombre d'évènements (populations sources). Des introductions multiples induisent en effet mécaniquement une augmentation de la diversité génétique intra population et une augmentation de la diversité allélique (Novak and Mack, 2005). Elles joueraient ainsi un rôle prépondérant dans la variabilité génétique de l'espèce introduite (Butler, 2010). Dans le cas où les populations sources sont génétiquement divergentes, l'hybridation entre des individus issus de populations différentes peut induire dans la population introduite une variabilité plus forte que celle observée dans les populations natives (Ellstrand and Schierenbeck, 2000). Par ailleurs, la variation génétique additive (qui permet une réponse à la sélection) est peu sensible à la perte d'allèles rares. Elle peut d'ailleurs augmenter à la suite d'un goulot d'étranglement du fait de la conversion de la variance épistatique ou de dominance en variance additive par dérive génétique (Dlugosch and Parker, 2008). Ainsi, l'effet de fondation ne semble pas réduire le potentiel adaptatif et l'aptitude à l'invasion d'un agent pathogène.

3. Approche écologique et évolutive

L'émergence et l'invasion sont généralement consécutives à des processus évolutifs qui aboutissent à l'adaptation de l'agent pathogène à son nouvel hôte ou environnement (Stukenbrock and McDonald, 2008). Cette adaptation détermine la capacité d'un agent pathogène non-natif à coloniser rapidement de nouveaux écosystèmes et d'y causer des dégâts économiquement importants (Keller and Taylor, 2008) ; (Rossman, 2001). La réussite d'une invasion peut ainsi être vue comme le résultat d'une affinité entre l'envahisseur et son nouvel hôte ou environnement. (Facon et al., 2006) proposent 3 scénarios de base pour expliquer les mécanismes écologiques et évolutifs impliqués dans le processus invasif (figure 3).

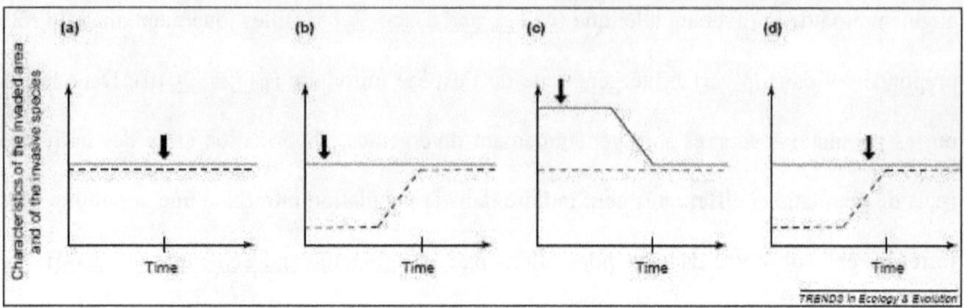

Figure 3. Scénarios théoriques d'invasion (Facon *et al.*, 2006)
Les traits pointillés et pleins représentent respectivement les caractéristiques du nouvel environnement et de l'envahisseur. Ils se superposent dans le cas d'une adéquation entre les deux paramètres. La flèche représente le premier contact potentiel entre l'environnement envahi et l'envahisseur (par migration), tandis que le tiret vertical indique le début du processus d'invasion par établissement de l'envahisseur.
a. Dans ce cas, l'agent pathogène est déjà adapté et la simple mise en contact (suite à un changement du régime de migration, par exemple) suffit à initier l'invasion.
b. Ce scénario illustre un changement dans les caractéristiques de l'environnement à l'origine d'une nouvelle adéquation et du début de l'invasion.
c. Un changement évolutif chez l'envahisseur permet d'initier l'invasion.
d. Ce cas est une combinaison de scénarios a et b : l'invasion est initiée suite à un changement du régime de migration plus une modification des caractéristiques de l'environnement.

Une question essentielle en biologie des invasions est celle de savoir comment un agent pathogène exotique parvient à coloniser un environnement aux caractéristiques différentes de son aire native, en remplaçant des espèces natives à priori mieux adaptées localement (Caillaud *et al.*, 2006). C'est le 2ème paradoxe de l'invasion selon (Butler, 2010). Ce succès qui arrive souvent après plusieurs tentatives infructueuses, semble lié à la supériorité des envahisseurs ou à une adaptation préliminaire à des milieux perturbés sous l'action de l'homme tels les agro-écosystèmes. Il s'en suit un remplacement progressif et à terme la disparition d'espèces locales mieux adaptées à un environnement naturel, au profit des espèces exotiques. Par ailleurs, l'absence d'ennemis naturels et de compétiteurs de l'espèce envahissante dans le nouvel environnement est un avantage compétitif pouvant expliquer son succès dans le nouvel environnement, au détriment de l'espèce native, localement mieux adaptée (Butler, 2010).

III. Présentation du pathosystème

La pourriture brune des cabosses causée par P*hytophthora megakarya* est un cas d'invasion biologique qui commence peu après l'introduction du cacaoyer en Afrique à la fin du 19e siècle. A ce jour, cet agent pathogène reste endémique à l'Afrique et il continue sa progression vers l'Ouest du Continent, notamment en Côte d'Ivoire, où il supplante peu à peu *P. palmivora*, la seule espèce présente jusque-là sur cacaoyer dans cette zone.

1. Le cacaoyer: « food of the gods »

Le cacaoyer, *Theobroma cacao* L., appartient à la famille des Sterculiacées (Cuatrecasas, 1964), récemment reclassée parmi les Malvacées (Alverson *et al.*, 1999). Son nom vient d'une boisson préparée à l'origine par les Mayas, qui fût ensuite baptisée « xocoalt » par les Aztèques qui la considéraient comme un breuvage des dieux, selon une de leurs croyances (Thompson, 1956).

Encadré 1. Le long périple du cacaoyer (CDAO *et al.*, 2007) .
(La première introduction au Cameroun a eu lieu en 1860)

A l'origine, le cacaoyer Theobroma cacao se développait spontanément dans les forêts d'Amérique centrale ou d'Amérique du Sud, aire d'origine de l'espèce. Les premières cultures apparaissent simultanément en Amérique centrale, environ 4 000 ans avant Jésus-Christ, dans les forêts tropicales du Yucatan et du Guatemala. Les Criollo (variété de cacao aux fèves aromatiques contenant 50 % de matière grasse) cultivés aujourd'hui résultent de cette première vague de domestication. Leurs grosses fèves blanches, qui contiennent peu de polyphénols (molécules de base de la matière colorante), sont utilisables pour la consommation presque sans autre transformation que le séchage.

Aucun vestige de plantation n'a été relevé chez les peuples des Andes d'Amérique du Sud avant la conquête des Espagnols. L'humidité plus forte du climat, qui rend difficile les opérations de séchage, pourrait expliquer l'absence d'utilisation des fèves dans cette zone. Cette limitation du développement de l'aire de culture au Nord des Andes pendant la première phase de la cacaoculture concorde bien avec l'absence quasi totale de Criollo dans le bassin amazonien. Les seuls Criollo récoltés de ce côté du massif andin sont ceux du Venezuela, qui semblent avoir été introduits ultérieurement par des moines capucins.

Deux autres grandes vagues de domestication interviendront ensuite à partir de cacaoyers directement issus du bassin amazonien. Il s'agit d'abord du développement du cacao Nacional en Équateur, dont la répartition géographique est restée circonscrite à ce pays ; puis, beaucoup plus récemment, probablement vers la fin du XVIIIe siècle, de la création au Brésil des variétés Amelonado qui seront dispersées un peu partout dans le monde et constitueront rapidement la base principale de la production cacaoyère.

Les grandes étapes de cette conquête du monde sont :

1560	Introduction du cacaoyer par les Hollandais aux Célèbes et à Java
1614	Introduction aux Philippines par les Espagnols
1822	Introduction des cacaoyers dans les îles de São Tomé, Principe et Fernando Po par les Portugais
1834-1880	Introduction par les Anglais à Ceylan, en Inde puis à Madagascar et aux îles Fidji
1871	Introduction des premiers cacaoyers sur le continent africain au Ghana (Eastern Region)
1890	Introduction des premiers cacaoyers à l'Ouest de la Côte d'Ivoire
1920	Introduction du cacaoyer au Cameroun par les Allemands.

a. Origine et description du cacaoyer

Le cacaoyer est une plante pérenne tropicale originaire du bassin Amazonien (Cheesman, 1944) ; (Cuatrecasas, 1964). Une étude a montré que cette zone correspond également à son centre de diversité (Motamayor *et al.*, 2002). L'espèce comporte deux groupes morpho-géographiques distincts, les Criollo et les Forastero (Cheesman, 1944), ainsi qu'un groupe hybride, les Trinitario. Les Criollo, originaires d'Amérique centrale et du Mexique, sont des cacaos au goût très fin, mais leurs qualités agronomiques, notamment la résistance aux maladies, sont peu avantageuses. Ils constituent de ce fait moins de 1% de la production mondiale. Les Forastero originaires de haute Amazonie (UA) et de basse Amazonie (LA) représentent plus de 80% de la production mondiale. Ce sont des cacaoyers vigoureux, présentant de nombreuses résistances aux maladies. Leur qualité est cependant moyenne, excepté les Amelonado du Ghana ou la variété Nacional d'Equateur. Les Trinitario quant à eux sont des hybrides entre les Criollo et les Forastero de type Amelonado (Toxopeus, 1985). Ils représentent 20 % de la production mondiale.

b. Routes d'expansion du cacaoyer

La domestication du cacaoyer remonte à environ 3 000 ans. Sa culture était largement répandue en Amérique Centrale avant la conquête espagnole du 16e siècle. Le cacaoyer s'est ensuite répandu dans la plupart des îles des Caraïbes, le Venezuela et la Colombie grâce à l'expansion rapide du marché européen du 17e siècle. A partir de quelques plants transférés par les Espagnols aux Philippines, la culture s'est étendue vers le Sud et à travers l'Inde Orientale, et ensuite au Sri Lanka au cours du 19e siècle (Wood and Lass, 1985). Au début du 19e siècle, une série d'introductions s'est faite en Asie à partir de différentes régions d'Amérique Latine, notamment au Sri Lanka par les anglais, à Java par les Hollandais et en Papouasie-Nouvelle-Guinée par les Allemands. Ceci favorisa le développement des industries cacaoyères en Papouasie-Nouvelle-Guinée et en Indonésie. Par ailleurs, de grandes zones cacaoyères furent créées en Equateur et à Bahia au Brésil au 19e siècle. De là partirent les premières introductions vers l'Afrique, d'abord sur les îles Sao-Tomé et Principe en 1822, puis sur Fernando-Po en 1855 (Burle, 1952). La culture arriva ensuite sur le continent, notamment au Cameroun, en 1860.

c. Production mondiale de cacao

La production mondiale de fèves de cacao est en constante évolution. Elle est passée de 3,63 millions de tonnes en 2009/2010 à plus de 4 millions de tonnes en 2010/2011. L'Afrique fournit plus de 70% de la production cacaoyère mondiale, dans quatre des cinq plus grands pays producteurs mondiaux, à savoir : la Côte d'ivoire (32%), le Ghana (24%), le Nigeria (9%) et le Cameroun (8%). Ces quatre pays d'Afrique Centrale et de l'Ouest assurent plus de 99% de la production en Afrique, majoritairement par des petits producteurs. Le reste de la production mondiale est assuré par l'Indonésie (13%), le Brésil, la Malaisie et quelques pays Caribéens (CDAO *et al.*, 2007). Les fèves de cacao sont ensuite acheminées vers les principaux pays transformateurs, à savoir les Pays-Bas et les Etats-Unis. L'Europe constitue la première zone de consommation.

d. Les principales maladies du cacaoyer

Le cacaoyer fait face à de nombreuses attaques parasitaires (Ploetz, 2007) ; tableau 1). Les pertes globales sont de l'ordre de 40% de la production mondiale, mais certaines maladies peuvent détruire la totalité de la production quand les conditions sont favorables à la maladie. C'est le cas de la pourriture brune des cabosses causée par *Phytophthora megakarya* (Bowers et al., 2001) ; (Akrofi et al., 2003). Les échanges de matériel végétal dans un contexte de globalisation font peser la menace d'une expansion de la moniliose, du balai de sorcière et de la pourriture brune des cabosses (Evans, 2007), ainsi que du « swollen shoot » (jusque-là confiné dans quelques pays en Afrique de l'Ouest).

Tableau 1. Principales maladies du cacaoyer.

Maladie	Agent pathogène	Région	Pertes	Dégâts	Moyens de lutte
Pourriture brune des cabosses	*Phytophthora megakarya*	Afrique	80%	Pertes de rendement	Lutte chimique Méthodes culturales Matériel partiellement résistant
	Phytophthora palmivora	Afrique Amérique latine Asie du Sud-est	30%		
	Phytophthora capsici	Amérique latine Asie du Sud-est	10%		
« Swollen shoot »	Cacao Swollen Shoot Virus	Afrique de l'Ouest (Togo, Ghana, Nigeria)	25 à 50%	Mort des arbres	Arrachage des plants infectés
Balai de sorcière	*Moniliophthora perniciosa*	Amérique latine		Arbres improductifs	Elimination des tissus infectés
Moniliose	*Moniliophthora* roreri	Amérique latine	40 à 90%	Perte de rendements	Récolte sanitaire Lutte chimique
Vascular Streak Disease	*Oncobasidium theobromae*	Asie du Sud-est		Mort des arbres	Quarantaine Méthodes culturales

2. Les *Phytophthora* pathogènes du cacaoyer

Le tableau 1 présente les 3 espèces de *Phytophthora* pathogènes du cacaoyer et responsables de la pourriture brune des cabosses à travers le monde. Il s'agit de *P. palmivora, P. megakarya* et *P. capsici* (Brasier and Griffin, 1979) ; (Djiekpor et al., 1981) ; (Wood and Lass, 1985) ; (Evans and Prior, 1987) ; (Acebo-Guerrero et al., 2012). Avant 1976, tous les isolats de *Phytophthora* sur cacaoyer étaient classés dans l'espèce *P. palmivora* (Butl.) Butler (Erwin and Ribeiro, 1996). Des études ont ensuite mis en évidence une variabilité morphologique et du type de lésions entre les isolats issus de différents pays, ce qui a permis de définir 4 morphotypes de *P. palmivora* (Griffin, 1977). Les morphotypes ont alors été définis comme 3 espèces distinctes : MF1 reconnu comme *P. palmivora* ; MF2 comme un variant atypique de la même espèce ; MF3 défini comme une nouvelle espèce : *P. megakarya* (Brasier and Griffin, 1979); et MF4 considéré comme *P. capsici* (Tsao and Alizadeh, 1988). *P. megakarya* se distingue clairement des 2 autres espèces au niveau caryotypique (seulement

5 à 6 chromosomes contre 10 à 12) et isoenzymatique (Brasier and Griffin, 1979) ; (Blaha, 1994). Les variations des séquences ITS, largement utilisées pour la diversité interspécifique chez les *Phytophthora*, ont permis de discriminer ces 3 espèces (Lee and Taylor, 1992) ; (Cooke and Duncan, 1997).

a. Taxonomie

Les *Phytophthora* sont des Oomycètes de la famille des *Péronosporacées*. Le genre fût décrit pour la première fois en 1875 par Anton de Barry qui élucida le cycle de vie de *P. infestans,* agent pathogène de la pomme de terre et posa les fondements même de la pathologie végétale (Matta, 2010). Longtemps assimilés aux champignons en raison de similitudes phénotypiques et biochimiques, les *Phytophthora* ont récemment été rattachés aux Straménopiles ou Hétérokontes, du fait de l'existence de cellules biflagellées au cours de leur cycle de vie (Dick, 2001) ; (Baldauf, 2008). Sur la base de séquences ITS, le genre était jusqu'alors divisé en 8 clades distincts, (Cooke *et al.*, 2000). L'afflux de données génomiques sur les *Phytophthora,* suite au séquençage du génome complet de *P. ramorum*, *P. sojae* et *P. infestans* (Haas et al., 2009) ; (Attard et al., 2008) a permis de mieux comprendre l'histoire évolutive du genre et d'ajuster le nombre de clades (Blair *et al.*, 2008). Le genre compte désormais 10 clades. *P. megakarya* et *P. palmivora*, sont dans le clade 4, tandis que *P. capsici* est dans le clade 2 (figure 4).

Encadré 2. Les *Phytophthora*

Le genre *Phytophthora* comporte des agents pathogènes très agressifs et responsables d'attaques sévères sur de nombreux végétaux sauvages et cultivés. L'identification de *P. infestans*, à l'origine de la grande famine irlandaise du 19e siècle, est considérée comme le point de départ de la pathologie moderne (Attard *et al.*, 2008). Etymologiquement, *Phytophthora* signifie « destructeur de plante » (de Bary, 1876). (Gregory, 1983)) établit une analogie entre les *Phytophthora* et « une armée en période de guerre ». De manière générale, les *Phytophthora* ont un cycle de vie très flexible et une grande capacité d'adaptation aux variations des conditions environnementales (Tahara and Islam, 2005) ; (Jeger and Pautasso, 2008). Ils sont de ce fait impliqués dans de nombreuses maladies émergentes des plantes cultivées et sauvages. Leurs gammes d'hôtes sont variables et peuvent se limiter à une espèce connue chez des espèces spécialistes comme *P. sojae, P. colocasiae* et *P. megakarya*, à quelques espèces chez *P. infestans*, ou englober plusieurs genres et familles de végétaux chez les généralistes *P. capsici*, *P. ramorum* et *P. cinnamomi* (Blair *et al.*, 2008). Parmi les *Phytophthora* pathogènes du cacaoyer, *P. palmivora* est capable d'infections croisées entre différentes espèces végétales dans les systèmes agroforestiers. Des attaques simultanées sur le durian et le cacaoyer ont ainsi été observées dans des plantations au Vietnam, causant des dégâts plus importants encore ((McMahon and Purwantura, 2004) ; (Purwantara et al., 2001).

Certaines espèces comme *P. megakarya* et *P. ramorum* ayant récemment émergé sur leur hôte connu actuel, causent des épidémies dévastatrices et infligent des dégâts sévères à leurs hôtes respectifs. Une caractéristique relativement répandue chez les *Phytophthora* est l'aptitude à l'hybridation interspécifique. C'est le cas du complexe *P. alni* (Brasier et al., 2004) ; (Ioos et al., 2007).

Le séquençage du génome complet de 3 espèces de *Phytophthora* d'importance économique, à savoir *P. sojae* (95 Mb), *P. ramorum* (65 Mb) et *P. infestans* (240 Mb) (Cambareri et al., 1989) a ouvert des perspectives dans la compréhension des mécanismes moléculaires impliqués dans la virulence de ces agents pathogènes. Ces études ont permis de révéler chez les *Phytophthora* 2 grandes familles d'effecteurs (RXLR et CRN), pouvant impliquer des dizaines voire des centaines de gènes, et à l'origine de nouveaux mécanismes d'interaction avec leurs hôtes (Tahara and Islam, 2005) ; (Jiang et al., 2006).

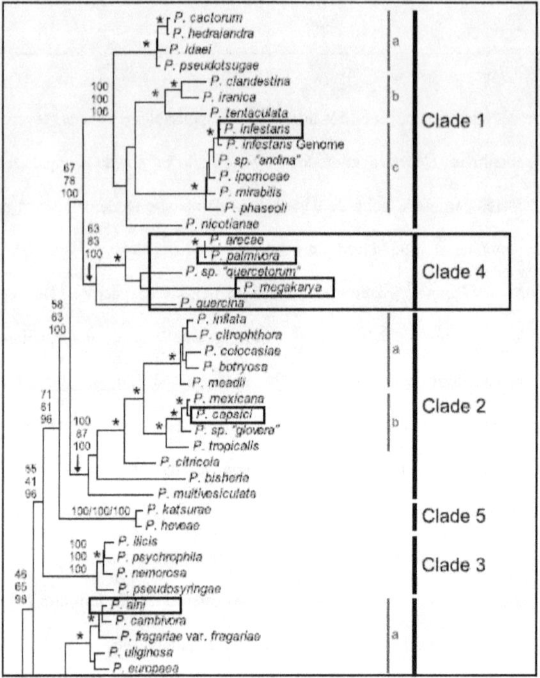

Figure 4. Phylogénie des clades 1, 2, 3, 4 (*P. palmivora* et *P. megakarya*) et 5 des Phytophthora (Blair *et al.*, 2008).

b. Biologie de *P. megakarya*

Les *Phytophthora* sont des organismes diploïdes pouvant se multiplier par voie sexuée ou asexuée (Attard *et al.*, 2008). Pour ce qui est de la reproduction sexuée, certaines espèces comme *P. sojae*, *P. heveae* et *P. katsurae* sont homothalliques, tandis que d'autres telles *P. infestans*, *P. palmivora, P. nicotianae* et *P. capsici* sont hétérothalliques. Ces dernières requièrent la présence de 2 thalles complémentaires et de types sexuels opposés (A1 et A2) pour se reproduire. La formation subséquente de gamétanges mâle (anthéridie) et femelle (oogone) constitue l'unique phase haploïde, et elle est sous le contrôle des hormones Mat (Campbell and Husband, 2005) ; (Harutyunyan et al., 2008). La fusion des gamètes en présence de stérols produit des oospores qui sont des structures à parois épaisses, capables dans la nature de résister aux conditions extrêmes et à l'absence prolongée d'hôte (Elliot, 1983).

P. megakarya est hétérothallique et capable de reproduction sexuée in vitro (Forster *et al.*, 1983). Cependant, des oospores n'ont jamais été observées dans la nature sur cacaoyer. L'on suppose donc qu'il n'y a pas de reproduction sexuée chez *P. megakarya* en champ, d'autant plus que des souches A2 de *P. megakarya* ont rarement été isolées. Les 2 souches camerounaises A2 en collection à ce jour proviennent de prospections réalisées en 1987 (souche M184 isolée dans un lieu indéterminé de la région Centre), et 1994 (souche NS203 isolée dans la station de recherche de Nkolbisson-Yaoundé, région Centre). Les 2 souches nigérianes A2 (NGR12 et NGR16) ont quant à elles été isolées dans la station de recherche d'Ibule en 1994. Il est probable aussi que des souches A2 de *P. megakarya* aient été isolées dans les régions Centre et Fako au Cameroun, lors de prospections réalisées par l'ORSTOM en 1971 et 1973. Ces souches ne sont cependant plus disponibles en collection et ce résultat ne peut donc être confirmé. Néanmoins, l'existence de souches A2 suggère un caractère cryptique, passé ou présent, de la reproduction sexuée dans certaines zones.

La reproduction asexuée quant à elle consiste en la production de zoospores qui jouent un rôle prépondérant dans le pouvoir pathogène des *Phytophthora*. Certaines espèces dont fait partie *P. megakarya* produisent également des chlamydospores à parois épaisses qui sont des structures de conservation dans le sol et les débris végétaux lorsque les conditions environnementales deviennent défavorables (Erwin and Ribeiro, 1996). Chez *P. megakarya*, lorsque les conditions deviennent favorables, l'on note une prolifération de sporanges et la libération de zoospores en présence d'eau libre. Les zoospores nagent ensuite par chimiotactisme à la surface de l'eau vers les organes à infecter, pendant une période variant de quelques minutes à plusieurs heures (en fonction de la température et du pH du milieu), puis ils s'encystent (Erwin and Ribeiro, 1996) ; (Erwin et al., 1983, Judelson and Blanco,

2005). Trente minutes après encystement, la germination se produit et l'hyphe pénètre les tissus de l'hôte dans les 48h par temps très humide, marquant ainsi le début du processus infectieux. Les 2 modes de reproduction sont représentés ci-dessous (figure 5).

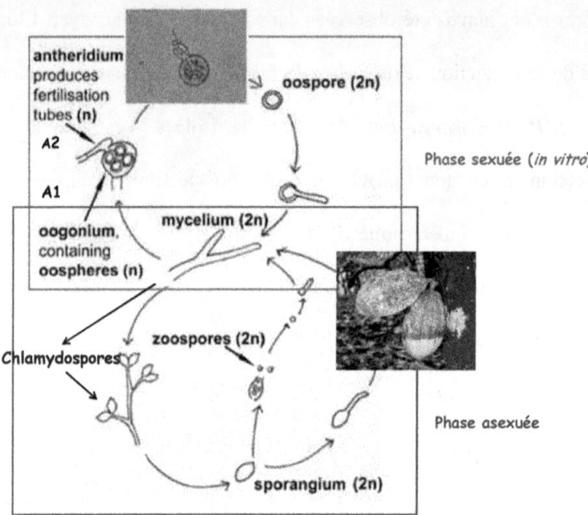

Figure 5. Cycle de reproduction des Phytophthora.
L'encadré vert représente la phase asexuée. La photographie montre des sporocystes (blanchâtres) couvrant les taches brunes à la surface des cabosses infectées.
L'encadré rouge représente la phase sexuée du cycle. La photographie montre une oospore.

c. Emergence des *Phytophthora* sur le cacaoyer

Le cacaoyer est une plante exotique dans la plupart des zones de production actuelles, et en Afrique en particulier. Les maladies qui l'affectent correspondent donc souvent à de nouvelles interactions avec des agents pathogènes indigènes (Holmes *et al.*, 2003). Ainsi, (Keane, 1992) classe les maladies du cacaoyer dans 2 groupes distincts: celles véhiculées par host-tracking à partir des forêts amazoniennes, centre d'origine et de domestication du cacaoyer, et celles qui ont émergé par saut d'hôte à partir d'espèces végétales sauvages. C'est le cas du « Cocoa swollen shoot virus » (CSSV) qui serait passé sur cacaoyer à partir de Sterculiacées sauvages (Johnson, 1962) ; (Posnette, 1981). Pour ce qui est des maladies du cacaoyer causées par des

Phytophthora, peu d'études ont été réalisées à ce jour. *P. capsici*, originaire d'Amérique du Sud, serait passé sur le cacaoyer par un saut d'hôte à l'origine, au moment de la domestication de cette culture. L'agent pathogène aurait ensuite migré avec son hôte et serait passé en Asie du Sud-Est par host-tracking. Concernant *P. palmivora* dont la gamme d'hôtes est assez large (Erwin and Ribeiro, 1996) ; (Dakwa, 1987), et pour lequel des infections croisées ont été détectées il semblerait que des sauts d'hôtes successifs aient permis des flux de gènes entre populations pathogènes de différentes espèces végétales sauvages et pathogène des cacaoyers nouvellement implantés. D'autres scénarios sont cependant possibles pour ces 2 espèces. Ainsi, *P. capsici* aurait coévolué avec le cacaoyer avant sa domestication, tandis que *P. palmivora* aurait étendu son spectre d'hôte au cours de son évolution et de sa dissémination. Quant à *P. megakarya* dont le seul hôte connu à ce jour est le cacaoyer, l'hypothèse la plus fréquemment proposée est un saut d'hôte qui se serait produit au Cameroun, dans la zone où ont eu lieu les premiers signalements de la maladie. Cette hypothèse est confortée par le caractère endémique de cet agent pathogène en Afrique, et le sens de la progression de l'épidémie vers l'Afrique de l'Ouest. L'agent pathogène est encore à un stade invasif, notamment en Côte d'Ivoire où il remplace progressivement *P. palmivora* (Bowers *et al.*, 2001). En effet, les prospections récentes montrent une prééminence décroissante de *P. megakarya* sur *P. palmivora* selon un axe Cameroun - Afrique de l'Ouest, et *P. megakarya*, déjà implanté dans l'Est de la Côte d'Ivoire, continue son invasion vers l'Ouest (Guest, 2007).

IV. Objectifs de la thèse

La connaissance de l'origine, des routes d'introduction et de la biologie des populations d'un agent pathogène peut permettre de mieux définir des stratégies de lutte efficaces sur le long terme. La reproduction sexuée de *P. megakarya* est possible *in vitro* mais n'a jamais été observée au champ. Le premier objectif de cette thèse a donc été de déterminer si les caractéristiques biologiques et de génétique des populations de l'agent pathogène correspondent à un système de reproduction sexué ou asexué. L'émergence de *P. megakarya* sur le cacaoyer est assez récente. L'hypothèse la plus souvent avancée est celle du saut d'hôte à partir d'une plante sauvage endémique non encore identifiée (Keane, 1992). La recherche de cet hôte d'origine potentiel ne peut se faire au hasard et nécessite donc de localiser le centre d'origine. Le deuxième objectif de la thèse a donc été d'identifier le centre d'origine de *P. megakarya*. Ces travaux d'étude de génétique des populations de *P. megakarya* en Afrique Centrale et de l'Ouest sont présentés dans le premier chapitre de cette thèse.

D'un point de vue épidémiologique, les importantes pertes causées par *P. megakarya* laissent supposer que cet agent pathogène a développé des mécanismes de dispersion et de survie particuliers, en relation avec les facteurs biotiques et abiotiques dans les plantations cacaoyères. La présence et la survie en saison sèche dans le sol de *P. megakarya* ont été suggérées mais pas formellement démontrés. Le troisième objectif de cette thèse a donc été de détecter si l'agent pathogène est présent dans le sol et si les mêmes génotypes peuvent persister pendant plusieurs campagnes. Enfin, la dispersion de la maladie au sein d'une parcelle est mal connue. Le dernier objectif de cette thèse a donc été de mesurer les capacités de dispersion de *P. megakarya* à l'échelle de la parcelle. Ces questions ont été abordées par des approches épidémiologiques qui sont présentées dans le deuxième chapitre de cette thèse.

En abordant deux aspects complémentaires de la pathologie végétale (génétique des populations et épidémiologie), cette thèse se propose de contribuer à l'élaboration de stratégies de lutte mieux ciblées et plus efficaces sur le long terme.

CHAPITRE 1

ORIGINE ET DIVERSITE DE *P. MEGAKARYA* EN AFRIQUE

I. Introduction

L'introduction d'espèces exotiques dans un nouvel environnement constitue l'une des principales causes d'émergence de maladies chez les plantes. Nous avons vu dans l'introduction générale que le contact entre plantes sauvages et plantes cultivées, ou entre espèces végétales introduites et espèces natives, favorise des sauts d'hôtes et l'établissement de nouvelles interactions hôte-pathogène (Desprez-Loustau *et al.*, 2007). Le saut d'hôte est un mode d'émergence fréquent dans les zones tropicales, et les risques d'invasion de nouveaux agents pathogènes y sont importants. Ces zones abritent en effet une riche diversité biologique qui augmente d'une part la probabilité pour des agents pathogènes de trouver des espèces apparentées à leur hôte d'origine, d'autre part le risque que ces agents pathogènes traversent la barrière de l'espèce et s'adaptent à de nouveaux hôtes (Antonovics *et al.*, 2002). L'introduction dans ces zones de cultures exotiques tel le bananier, le caféier, l'hévéa et le cacaoyer, à partir de leurs régions d'origine, a ainsi permis l'émergence par saut d'hôte de nombreux agents pathogènes sur ces cultures.

1. Historique du cacaoyer en Afrique

L'introduction du cacaoyer en Afrique est relativement récente. Elle s'est faite en 2 étapes principales : une première vague unique d'introduction en Afrique Centrale et de l'Ouest ; et ensuite une deuxième vague d'introductions successives au Cameroun (Figure 6). Après les années 1950, du matériel issu de croisements entre des cacaoyers haut-Amazoniens (UA) a diffusé à travers le monde, notamment en Afrique, par l'intermédiaire des Instituts de Recherches (Motamayor *et al.*, 2002).

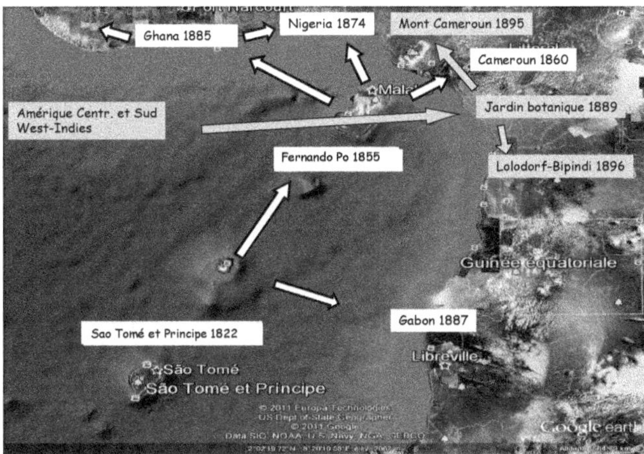

Figure 6. Dates d'introduction du cacaoyer en Afrique.
1ère vague (en blanc) : Amelonado.
2ème vague (en violet) : Trinitario.

a. Première vague d'introduction du cacaoyer en Afrique

La première vague d'introduction du cacaoyer en Afrique a commencé en 1822 dans les îles Sao Tomé et Principe, où des navigateurs Portugais implantèrent les premiers cacaoyers de type Amelonado (Bartley, 2005). Ces cacaoyers d'origine brésilienne et classés dans les Bas Amazoniens (LA) sont relativement homogènes sur le plan génétique. La culture transita par Fernando Po en 1855, avant de passer par vagues successives sur le continent. Elle arriva au Cameroun en 1860, au Nigeria en 1874, au Ghana en 1879, et au Gabon en 1887. Du matériel ghanéen se propagea ensuite en Afrique de l'Ouest, notamment dans la partie Ouest du Nigeria et au Togo, ainsi qu'en Côte d'Ivoire où la culture arriva en 1890. Ces premiers cacaoyers diffusèrent largement dans chacun de ces pays, d'où une base génétique assez étroite dans toute cette zone. Par contre, ils restèrent relativement confinés dans les zones périphériques au Cameroun, autour des points d'introduction.

b. Deuxième vague d'introduction du cacaoyer au Cameroun

Au Cameroun par contre, en plus de ces Amelonado, du matériel de type Criollo et Trinitario a été introduit par vagues successives, et des hybridations se sont faites avec les Amelonado déjà présents (Toxopeus, 1972). La conséquence est un élargissement de la base génétique du cacaoyer au Cameroun, ce qui en a fait l'un des plus importants germoplasmes cacaoyer au début du 20e siècle (Kantor et al., 2008) ; (Bartley, 2005) ; (Alary, 1996).

Cette deuxième vague a commencé par l'introduction en 1876 de quelques plants (13) en provenance probablement de Trinidad. Ils furent installés dans le Jardin Botanique de Victoria (actuelle ville de Limbé dans le Sud-Ouest) (Efombagn *et al.*, 2008). Sous l'impulsion des Allemands, la cacaoculture commença au Cameroun en 1889 avec les introductions dans le Jardin Botanique de Victoria et dans les localités avoisinantes (Preuss, 1901) ; (Alary, 1996) de Criollo et Trinitario ramenés d'Amérique Centrale et méridionale. En 1895, quatre grandes plantations couvrant près de 500 ha seront installées au pied du Mont Cameroun, à partir de plants issus du Jardin Botanique. En 1896, l'allemand Zenker introduira le cacaoyer dans la zone de Bipindi-Lolodorf (zone littorale-Sud au Cameroun). En 1896 également, les allemands introduisirent le cacaoyer dans le royaume de Bali dans la région de l'Ouest. Ces premières plantations sont encore présentes à ce jour. A partir de 1910, la culture commença sa véritable expansion (Alary, 1996) à l'ensemble du Cameroun.

a. Introductions plus récentes

En 1946, les anglais créèrent une station de recherche sur le cacaoyer à Ekona, au pied du Mont Cameroun (Kantor *et al.*, 2008). Ils y constituèrent une collection avec les cacaoyers présents dans cette zone, et dont la base génétique s'était accrue du fait notamment de l'introduction de matériel Haut Amazonien (UA) sélectionné, provenant du Ghana. En 1949, les français créèrent une station de recherche sur le cacaoyer à Nkoemvone (Sud Cameroun,

Ebolowa) et y introduire ensuite du matériel sélectionné UA de Trinidad et du Ghana. Des hybrides (SNK : Sélection Nationale Nkoemvone) obtenus par des croisements entre des Trinitario locaux et ces accessions furent ensuite créé et diffusèrent largement à travers le Cameroun à partir des années 1960. En 1964, suite à la réunification des 2 parties du Cameroun, la Station de recherche d'Ekona est supprimée et une partie de sa collection est transférée à Nkoemvone. La station de Barombi Kang (zone Ouest) est ensuite créée à Kumba dans l'Ouest. Ces deux stations propageront de nouveaux hybrides qui seront associés en champ au matériel paysan.

2. Etat des connaissances sur les centres d'origine et de diversité putatifs et la distribution de *P. megakarya.*

a. Données historiques

Le premier signalement de la pourriture brune en Afrique a eu lieu en 1906 dans les plantations cacaoyères nouvellement installées au pied du Mont Cameroun. Des dégâts de l'ordre de 40%, soit 2 à 3 fois le niveau de perte généralement observées avec *P. palmivora*, y ont été rapportés cette année-là (Geschiere and Konings, 1912). La maladie sera ensuite signalée dans les plantations de Bipindi - Lolodorf (zone Littoral) en 1915, bien qu'elle ait pu être présente dès 1906. Von Faber (1915) mettra en lumière des différences morphologiques entre certains de ces isolats, qu'il nommera *P. faberi*, et *P. palmivora.* Toutefois, il ne précise pas les lieux d'isolements de ces souches de *P. faberi* dont la description morphologique correspond à celle de *P. megakarya.*

De la même manière, la prospection réalisée par l'Orstom au Cameroun dans les années 1970 a mis en évidence des caractéristiques morphologiques particulières chez certains isolats. Dans les 2 cas, les descriptions faites sur les isolats laissent supposer que *P. megakarya* était déjà présent au Cameroun avant sa dénomination officielle en 1979, mais qu'il était souvent appelé *P. palmivora* forme MF3, ou considéré comme un variant local (Brasier, 1979). Cette hypothèse est renforcée par les pertes anormalement élevées observées dès l'installation des premières plantations au Cameroun au début des années 1900.

Sur la base de ces éléments, la zone d'émergence putative de *P. megakarya,* serait située dans une des zones refuges glaciaires de forêt tropicale où ont été installées les premières plantations au Cameroun (figure 7). Il s'agit de la dorsale volcanique autour du Mont-Cameroun, dominée par une forêt sempervirente à Césalpinacées (forêt biafréenne), et une forêt semi-caducifoliée à Sterculiacées et Ulmacées dans la partie nord du massif montagneux (Letouzey, 1968). La deuxième zone est celle de Bipindi-Lolodorf. L'hypothèse d'un ou plusieurs saut(s) d'hôte de *P. megakarya* d'une ou plusieurs Sterculiacées sauvages sur cacaoyer est le plus souvent avancée.

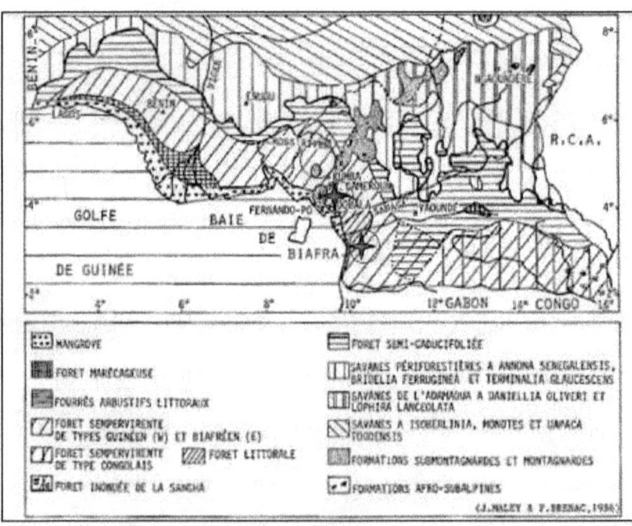

Figure 7. Schéma de la végétation dans le sud du Cameroun et du Nigeria (Letouzey, 1968).
Premières plantations cacaoyères au Cameroun; Zones refuges de la zone Ouest.

b. Aire de distribution de *P. megakarya* ; hôtes sauvages et hôtes potentiels

Contrairement à *P. palmivora* qui est présent dans toutes les zones de production cacaoyère, *P. megakarya* est endémique en Afrique (Ortiz-Garcia *et al.*, 1994). Son aire de distribution couvre le Cameroun, le Gabon, la Guinée Equatoriale, Sao Tomé, le Nigeria, le Togo, le Ghana et une partie de la Côte d'Ivoire (Brasier, 1979) ; (Djiekpor et al., 1981) ; (Dakwa, 1987). La date de première observation est connue pour le Gabon (1970), le Nigéria (1970), le Togo (1982), le Ghana (1985) et l'Est de la Côte- d'Ivoire (2003).

Le cacaoyer est le seul hôte connu de *P. megakarya*. Cet agent pathogène a cependant été isolé dans deux circonstances singulières. Il s'agit d'une part d'un isolement sur fruit de *Cola nitida* tombé par terre dans une cacaoyère du Centre du Cameroun (localité de Nomayos à Mbankomo) ((Nyasse et al., 1999). D'autre part, il a été isolé sur un fruit d'*Irvingia gabonensis* ramassé par terre dans la réserve de Korup, à l'Ouest du Mont-Cameroun (zone forestière à Sterculiacées sauvages), non loin du lieu d'implantation des premières cacaoyères (Holmes *et al.*, 2003). Seuls ces 2 isolats proviennent d'espèces autres que le cacaoyer. Ces données soutiendraient l'hypothèse du saut d'hôte dans une zone proche du Mont Cameroun, à partir d'espèces telles les *Cola* spp qui appartiennent à la même famille que le cacaoyer (Sterculiacées). Une autre étude a montré que *P. megakarya* pouvait infecter ou survivre sur des racines d'arbres d'ombrage dans les cacaoyères au Ghana (Opoku *et al.*, 2002). Ces arbres qui appartiennent à 4 familles distinctes (Sterculiacées, Euphorbiacées, Apocynacées et Papilionacées) pourraient donc être des hôtes potentiels en champ. L'hypothèse de la présence préalable de *P. megakarya* dans le sol ou dans des racines et d'un passage sur cacaoyer ne peut donc pas être exclue.

c. Diversité et structure génétique de *P. megakarya*

Bien que *P. megakarya* ait été clairement décrit en 1979 ((Brasier and Griffin, 1979)), sa diversité génétique n'a été étudiée qu'à partir des années 1990. Une première étude portant sur le polymorphisme de l'ADN mitochondrial a été réalisée sur 12 isolats (Campbell and Carter, 2006). Des isozymes ont ensuite été analysés chez 15 isolats (Oudemans and Coffey, 1991). Malgré les faibles effectifs, ces 2 études ont mis en évidence une forte différenciation entre les isolats du Cameroun et ceux du Nigeria. Une étude à plus large échelle, portant sur 161 isolats provenant de 6 pays d'Afrique Centrale et de l'Ouest, a été réalisée à partir de marqueurs biochimiques (isozymes) et moléculaires de type (RAPD). Elle a permis d'identifier 2 groupes génétiques majeurs distincts: un groupe homogène en Afrique de l'Ouest et un groupe plus hétérogène au Cameroun. Un troisième groupe formé de 5 individus ayant un génotype intermédiaire a été mis en évidence dans la zone de contact entre les deux groupes génétiques majeurs (zones de Manyu et Fako dans l'Ouest du Cameroun, non loin de la frontière avec le Nigéria (Nyasse, 1997, Nyasse et al., 1999). La figure 8 illustre la distribution de ces 3 groupes. La présence de génotypes intermédiaires a conduit à suspecter des phénomènes de recombinaison, bien que la reproduction sexuée sur cacaoyer n'ait jamais été observée. Mais aucune démonstration n'a été apportée dans cette étude du fait du faible effectif de ce groupe et du type de marqueur utilisé.

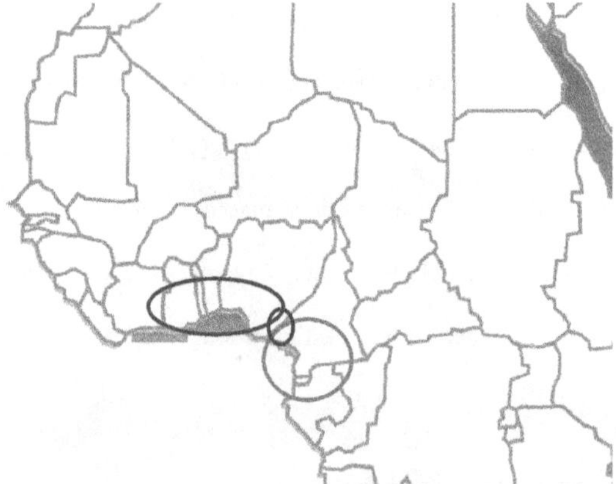

Figure 8. Distribution des groupes génétiques de *P. megakarya* identifiés avant notre étude (Nyassé, 1997).
En rouge : le groupe Afrique Centrale ; en bleu : le groupe Afrique de l'Ouest ; en vert : le groupe intermédiaire fait de souches collectées dans la zone du Mont Cameroun.

3. Objectifs des études de populations dans cette thèse

Les travaux antérieurs réalisés à partir de marqueurs biochimiques (isoenzymes) et moléculaires (RAPD) ont mis en évidence : (i) une différenciation très nette entre l'Afrique de l'Ouest et l'Afrique Centrale, (ii) une diversité plus importante en Afrique Centrale, (iii) une population potentiellement hybride entre les populations de ces deux zones.

Cette thèse s'inscrit dans le prolongement de ces études. Nous avons cherché à préciser la structure des populations de *P. megakarya* au Cameroun. Pour ce faire nous avons développé des marqueurs microsatellites et réalisés des échantillonnages appropriés au Cameroun pour : (i) déterminer le mode de reproduction, (ii) identifier le ou les centre(s) de diversité et de dispersion au Cameroun, (iii) tenter d'identifier le(s) centre(s) d'origine au Cameroun, nous permettant d'intensifier nos recherches de(s) plante(s) sauvage(s) endémique(s) à l'origine d'un potentiel saut d'hôte dans cette zone. Ce travail a nécessité le développement de marqueurs microsatellites qui a été valorisé sous la forme d'une publication dans American Journal of Botany. Les données obtenues permettent de discuter les scénarios d'apparition et de migration de *P. megakarya* au Cameroun et plus largement en Afrique.

II. Matériels et méthodes

1. Echantillonnage

Dans la perspective de cette thèse et en vue de compléter la collection historique de *P. megakarya* conservée au CIRAD Montpellier (UMR BGPI), nous avons réalisé diverses prospections sur l'ensemble des zones de production cacaoyère du Cameroun. Aux souches anciennes provenant des différents pays d'Afrique, dont le Cameroun, nous avons ajouté des échantillons collectés entre 2005 et 2009 au Cameroun, ainsi que ceux isolés en 2008 et 2009 en Côte d'Ivoire. Ainsi, l'étude a porté sur un échantillon global de 727 souches de *P. megakarya* collectées entre 1982 et 2009, et composé de 651 isolats représentatifs des zones de production cacaoyère au Cameroun, 33 isolats provenant de 2 autres pays d'Afrique Centrale (Gabon et Sao-Tomé), et 43 isolats d'Afrique de l'Ouest (Nigeria, Togo, Ghana, Côte-d'Ivoire). Toutes ces souches sont présentées dans l'annexe 1. Les 4 souches A2 disponibles en collection à ce jour ont été ajoutées à l'échantillon, afin de déterminer leur groupe génétique. Il s'agit de 2 souches du Cameroun (M184 et NS 203) et de 2 souches du Nigeria (NGR16 et NGR20). Le tableau 2 présente les effectifs par pays pour les isolats anciens (1982-1991), intermédiaires (1994-2002) et contemporains (2004-2009).

Tableau 2. Effectifs des isolats de *P. megakarya* par période de collecte et par pays et zones au Cameroun.

	2004-2009	1994-2002	1982-1991
Afrique de l'Ouest			
Ghana	0	7	0
Nigeria	0	18	0
RCI	9	3	
Togo	0	6	0
Cameroun			
Ouest	93	31	8
Savane	76	15	2
Forêt	136	6	8
Lit. Sud	61	3	7
Sud	162	7	10
Est	17	3	6
Gabon	0	8	2
Sao-Tome	0	23	0
Total	554	123	43

L'aire d'échantillonnage couvre ainsi l'ensemble des pays producteurs de cacao en Afrique, notamment les 4 plus grands producteurs mondiaux ; Côte d'Ivoire, Ghana, Nigeria et Cameroun (figure 9).

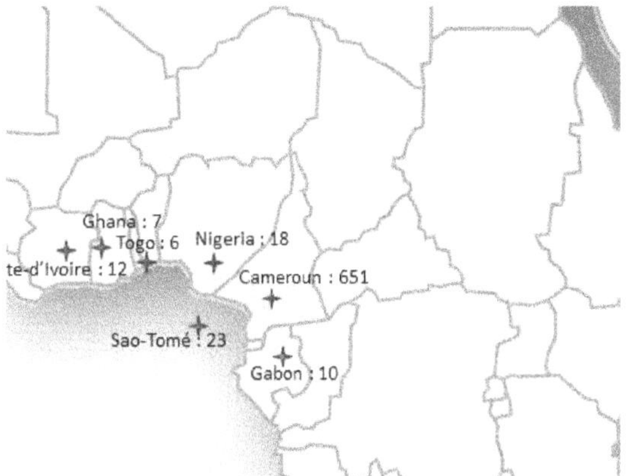

Figure 9. Aire d'échantillonnage et effectifs de *P. megakarya* pour cette étude.

Les souches anciennes ont été choisies sur la base des différents profils RAPD obtenus dans l'étude citée ci-dessus (Nyasse, 1997). Elles sont de ce fait représentatives de la diversité observée dans l'ensemble des zones prises en compte dans cette étude. Au Cameroun, l'échantillonnage de 2008 s'est fait le long des grands axes routiers en zone périurbaine, et des pistes en zone rurale. L'objectif principal était la couverture de l'ensemble de la zone de production cacaoyère, pour une bonne représentativité géographique des isolats. La figure 10 présente la localisation des échantillons au Cameroun en fonction de la période de collecte.

Figure 10. Principaux points d'échantillonnage au Cameroun.
En vert : souches anciennes ; en rose et violet : prospection 2008 ; en jaune : prospection 2009

Lors des prospections en 2009 nous avons mis un accent particulier sur les 2 zones d'implantation des premières plantations cacaoyères au Cameroun : la zone refuge à Sterculiacées autour du Mont Cameroun (Fako) et l'axe Bipindi-Lolodorf. Dans ces 2 aires d'origine potentielles de *P. megakarya*, l'échantillonnage s'est fait dans des parcelles distantes d'environ 10 km.

Pour les prospections de 2008 et 2009, pour chaque point d'échantillonnage, nous avons noté le nom du village ou lieu-dit, l'âge de la plantation et son état phytosanitaire, les coordonnées GPS et l'altitude de la parcelle. Nous avons ensuite prélevé 5 fruits malades sur des arbres distincts. L'agent pathogène a ensuite été isolé dans le laboratoire de Phytopathologie de l'IRAD Nkolbisson et purifié au CIRAD-BGPI. L'annexe 2 présente les milieux utilisés pour l'isolement et la purification des isolats. Au terme de ce processus, nous avons retenu 2 isolats par point d'échantillonnage pour notre étude. La figure 11 représente les schémas de prospection au Cameroun, ainsi que les points précis d'échantillonnage dans les zones Bipindi-Lolodorf et Mont-Cameroun.

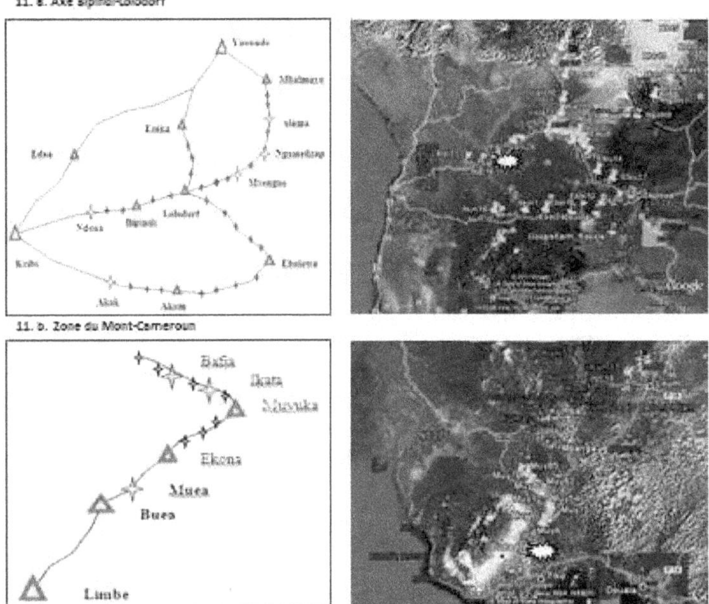

Figure 11. Schémas des prospections au Cameroun et points d'échantillonnage sur l'axe Bipindi-Lolodorf et la zone du Mont-Cameroun.
Points d'échantillonnage (en vert : souches anciennes ; en rose et violet : prospection 2008 ; en jaune : prospection 2009).
✹ Zones des premières plantations cacaoyères.

Nous avons également inclus dans cette étude 25 autres *Phytophthora* (23 *P. palmivora* et 2 *P. capsici*) isolés sur cacaoyer dans différents pays (Cameroun, Ghana, Côte d'Ivoire, Sao-Tomé, Guyane, Trinidad, Jamaïque, République Dominicaine, Cuba, Guatemala, Equateur, Colombie, Malaisie, Indonésie ; Annexe 1), afin de tester la spécificité des marqueurs microsatellites que nous avons développés.

2. Détermination du signe sexuel

Dans le but de comprendre le mode de reproduction de *P. megakarya*, nous avons dans un premier temps cherché à déterminer la distribution des 2 types sexuels dans l'échantillon. Pour cela, nous avons croisé chaque isolat avec 2 souches de référence de types sexuels A1 et A2. Les cultures ont été faites sur milieu carotte auquel ont été ajouté des stérols (β-sitostérol), indispensables à la formation des gamètes (annexe 2). Chaque isolat a été repiqué en présence et à 1cm de la souche de référence (A1 ou A2). L'observation des oospores s'est ensuite faite après 5 jours de culture.

3. Développement de marqueurs moléculaires

Les marqueurs RAPD précédemment développés n'étaient pas adaptés aux analyses que nous voulions conduire du fait de leur dominance et d'une homoplasie possible. Il a donc fallu développer des marqueurs. Nous avons choisi les marqueurs microsatellites car ces marqueurs ont démontré leur intérêt dans de nombreuses études de populations. Nous avons développé des marqueurs à partir du séquençage d'une banque enrichie en motifs microsatellites de la souche de référence NS269. Nous avons ensuite sélectionné 12 loci polymorphes. Ce travail a fait l'objet d'une publication acceptée dans la revue American Journal of Botany qui est reproduite dans l'annexe 3.

4. Méthodes d'analyse

Nous avons utilisé 3 approches complémentaires pour déterminer la structure des populations. La première approche a consisté à déterminer les fréquences des génotypes multilocus (MLG) dans les différentes zones géographiques. Dans un deuxième temps, nous avons utilisé 2 méthodes d'analyses multivariées, notamment l'analyse factorielle des correspondances

(AFC ; logiciel Darwin) et l'analyse discriminante en composante principale (DAPC : package Adegenet sous R), pour assigner les individus à des groupes génétiques. La structure des populations a été étudiée à l'échelle continentale d'une part, et au Cameroun d'autre part. Le principe de la DAPC est d'optimiser la variabilité entre les groupes, en minimisant la variabilité à l'intérieur des groupes. Elle présente l'avantage de ne pas faire d'hypothèse sur les populations. En théorie, le nombre optimal de clusters (k) permettant de maximiser la variation inter-clusters correspond à la valeur minimale de BIC (Bayesian information criterion). Dans la pratique, les données biologiques disponibles sont généralement utilisées pour affiner le choix de k. En troisième lieu, nous avons utilisé 2 logiciels d'inférence des clusters sur la base du maximum de vraisemblance (STRUCTURE et Geneland). Contrairement aux analyses multivariées (AFC et DAPC), ces 2 méthodes sont basées sur des hypothèses d'équilibre de Hardy-Weinberg (association aléatoire des gamètes), hypothèse qui n'est pas toujours vérifiée en particulier pour les organismes à multiplication clonale. Elles permettent cependant une définition parcimonieuse des groupes, car l'une tient compte de l'admixture entre les groupes (STRUCTURE), et l'autre prend en compte l'origine géographique des isolats (Geneland). Comme précédemment, pour ces deux méthodes les inférences ont été faites à l'échelle continentale d'une part, et au Cameroun d'autre part. Les analyses avec STRUCTURE se sont par ailleurs faites après une clone-correction (un seul individu retenu par MLG).

Après avoir identifié des groupes génétiques, la description de la structure génétique de l'échantillon s'est faite par le calcul des fréquences alléliques (fréquences dans la population des différents allèles pour un locus donné) et des fréquences génotypiques (fréquences des différents génotypes multilocus) avec les 12 loci microsatellite sélectionnés. Des indices de fixation (F-statistiques) qui représentent la réduction progressive de l'hétérozygotie ont été calculés à l'aide des logiciels Fstat et Genepop, afin de mesurer la différentiation à l'intérieur et entre les groupes définis précédemment. Le calcul des déséquilibres de liaison (DL) permet de tester l'hypothèse de recombinaison. Il a été réalisé à l'aide du logiciel Fstat. Les DL décrivent la déviation entre les fréquences observées d'association des paires de loci et les fréquences attendues sous l'hypothèse de la panmixie. L'attendu dans une population asexuée (absence de recombinaison) est un nombre élevé d'associations non aléatoires entre les loci, lequel conduit à des valeurs élevées de DL.

III. Résultats

1. Signe sexuel et mode de reproduction

Tous les isolats contemporains se sont révélés de type sexuel A1. Des oospores ont en effet été produites in vitro après confrontation avec la souche NS203 de type sexuel A2 (figure 12).

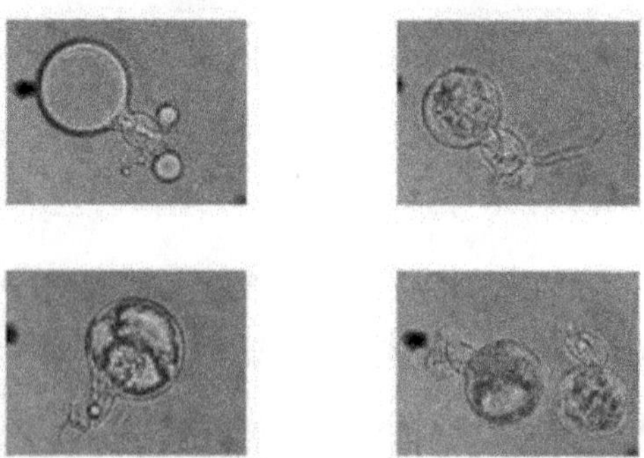

Figure 12. Oospores de *P. megakarya* produites in vitro par confrontation des isolats avec une souche A2.

Cette présence exclusive est en faveur d'un mode de reproduction de type asexué puisque *P. megakarya* est hétérothallique. Ce résultat suggère très fortement qu'il n'y a pas de reproduction sexuée dans les populations contemporaines, mais il n'exclut pas la possibilité d'une reproduction sexuée ancienne, ni celle d'un mode de recombinaison alternatif.

Nous avons donc voulu tester ces deux éventualités au sein des populations du Cameroun, définies sur la base de critères géographiques (voir la partie «structuration de l'échantillon »). Les valeurs de Fis (indice de fixation de Wright) sur les populations des 6 zones géographiques sont comprises entre -0,65 (Savane) et -0,21 (Ouest). Elle est en moyenne de -0,34 dans la population camerounaise globale (tableau 3). Ces valeurs mettent en évidence un excès en hétérozygotes, signe de clonalité et donc à priori de reproduction asexuée.

Tableau 3. Fis dans les populations de *P. megakarya* du Cameroun définies sur des bases géographiques.
N représente la taille des populations.

Zone géographique	N	Fis
Ouest	132	-0,21
Savane	93	-0,65
Forêt	150	-0,38
Littoral	71	-0,32
Sud	179	-0,30
Est	26	-0,61
Pop globale	651	-0,34

Par ailleurs, la fréquence des paires de loci en déséquilibre de liaison (DL) varie entre 0,12 (Savane) et 0,85 (Ouest) et a une moyenne de 0,67 (tableau 4). Les populations de Savane et de l'Est ont des valeurs de DL bien plus faibles que celles des autres populations. L'observation plus détaillée des données de génotypage des souches dans ces populations fait apparaître que, pour les loci polymorphes, il y a généralement un allèle ultra-majoritaire. Cette situation ne permet pas de détecter un déséquilibre de liaison et explique probablement les faibles valeurs de DL observées (tableau 4).

Tableau 4. Déséquilibre de liaison dans les populations de *P. megakarya* du Cameroun définies sur des bases géographiques.

Zone géographique	Nb paires de loci testées	Nb paires en DL	Fréquence de paires en DL
Ouest	66	56	0,85
Savane	66	11	0,17
Littoral	66	49	0,74
Forêt	66	38	0,58
Sud	66	53	0,80
Est	26	3	0,12
Pop globale	66	59	0,89

Ces fréquences relativement élevées des paires de loci en déséquilibre de liaison montrent qu'il n'y a aucune trace de recombinaison dans les populations contemporaines de *P. megakarya.* Elles confirment aussi qu'il n'y a pas de reproduction sexuée au Cameroun.

2. Structure des populations

Dans une population asexuée, les individus se comportent comme des clones. Nous avons donc considéré comme unité héréditaire le génotype multilocus (MLG). Sur l'ensemble de l'échantillon, 160 génotypes uniques et 71 génotypes répétés (représentés par deux individus au moins) ont été identifiés. Dans la population camerounaise, ce sont 135 individus uniques et 61 génotypes répétés qui ont été identifiés. Dans les 2 cas, les génotypes uniques représentent 20% environ de l'effectif, tandis que les 11 MLG les plus représentés (plus de 10 individus) constituent à peu près 50% de l'échantillon. Le tableau 5 donne la distribution des classes de MLG (constituées d'un certain nombre d'isolats) dans l'échantillon global.

Tableau 5. Distribution des classes de MLG dans l'échantillon global.
Les 3 classes de MLG sont constituées de 1 (génotype unique), 2 à 9, ou plus de 10 isolats; La fréquence des classes est donnée par le ratio entre le nombre total d'isolats dans la classe sur l'effectif de la population globale.

Classe MLG	Nombre de MLG	Nombre total d'isolats	Fréquence
1	160	160	0,22
2 à 9	60	217	0,30
>=10	11	350	0,48

Le nombre d'isolats par MLG suit une loi dite de Pareto (figure 13). Elle est typique des organismes clonaux (Arnaud-Haond *et al.*, 2007).

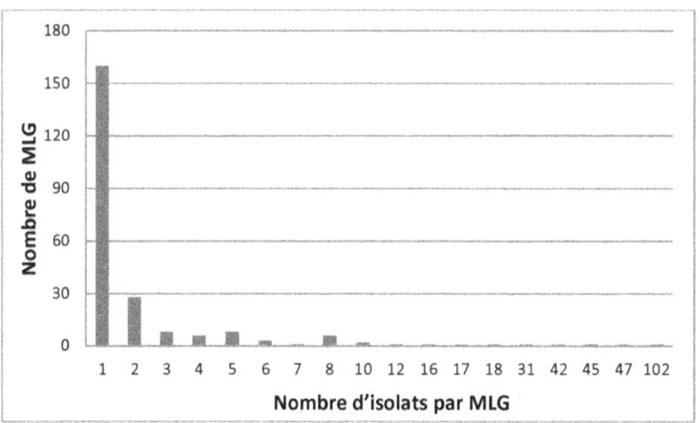

Figure 13. Distribution des isolats de *P. megakarya* dans les MLG.

Distribution géographique des génotypes multilocus (MLG)

L'aire de répartition de l'échantillon global a été divisée en 9 zones géographiques distinctes. Sur la base des études de populations précédentes, nous avons défini une zone Afrique de l'Ouest comprenant le Nigeria, le Togo, le Ghana, et la Côte-d'Ivoire. Nous avons défini une zone pour le Gabon et une pour Sao-Tomé. Au Cameroun, nous avons défini 6 zones sur la base de critères agroclimatiques, à savoir le régime pluviométrique (bimodal ou monomodal), le couvert végétal (forêt ou savane), et l'altitude. Ce sont les régions de l'Ouest (qui comprend la zone Mont-Cameroun), Savane, Forêt, Littoral (y compris la zone Bipindi-Lolodorf), Sud et Est (figure 14).

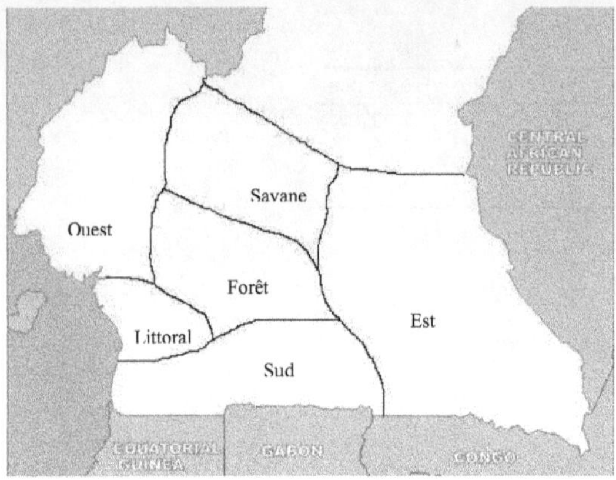

Figure 14. Zones géographiques définies au Cameroun pour notre étude.

La distribution des fréquences des MLG au sein des 9 zones géographiques, y compris les MLG uniques, est présentée ci-dessous (figure 15). Le tableau complet des MLG est donné en Annexe 4.

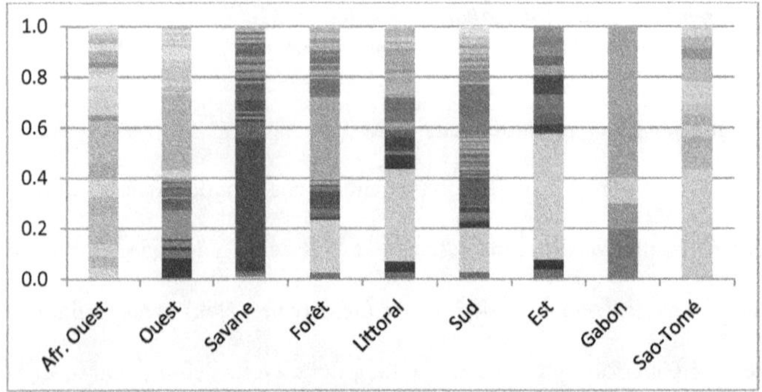

Figure 15. Distribution des fréquences de tous les MLG de *P. megakarya* dans les 9 zones géographiques définies pour l'ensemble de l'échantillon.

Le nombre élevé de MLG et la faible fréquence d'un grand nombre d'entre eux rend l'analyse assez difficile. Le nombre de MLG par zone géographique varie de 12 dans la zone Est à 75 dans la zone Sud. Certains MLG sont partagés entre plusieurs zones suggérant des migrations entre ces zones.

L'analyse de la distribution des 11 MLG les plus fréquents (effectif >9) montre qu'ils sont absents d'Afrique de l'Ouest. Pour 6 des 8 autres zones définies, 1 à 4 de ces MLG domine(nt) et représente(nt) en cumulé près de 50% des effectifs (tableau 6 et figure 16). Ces MLG sont généralement partagés entre 2 à 5 zones. Le MLG le plus fréquent dans notre échantillon (MLG 5), est majoritaire dans la population camerounaise (15% de l'effectif) et absent du reste de l'Afrique. Il est présent dans 5 des 6 zones géographiques identifiées, et largement répandu voire majoritaire dans 4 d'entre elles (Forêt, Littoral, Est et Sud). La zone de Savane est dominée par le MLG 32 (43%) également représenté dans la zone de Forêt, tandis que le MLG 181 est essentiellement présent dans l'Ouest (zone du Mont-Cameroun) et le MLG 90 domine en zone de forêt (tableau 6 et figure 16). Le MLG 162 est spécifique de Sao Tomé.

Tableau 6. Distribution géographique des 11 MLG répétés plus de 10 fois.

MLG	2	5	7	32	37	54	90	116	118	162	181	Effectif total
Ouest			10			15					40	132
Savane		1		40		1	1					93
Forêt	3	31		7			44	3	4			150
Littoral	2	26	2						4		2	71
Sud	4	31			18			12	23			179
Est	1	13										26
Gabon								2				10
Sao Tome										10		23
Afr. Ouest												43

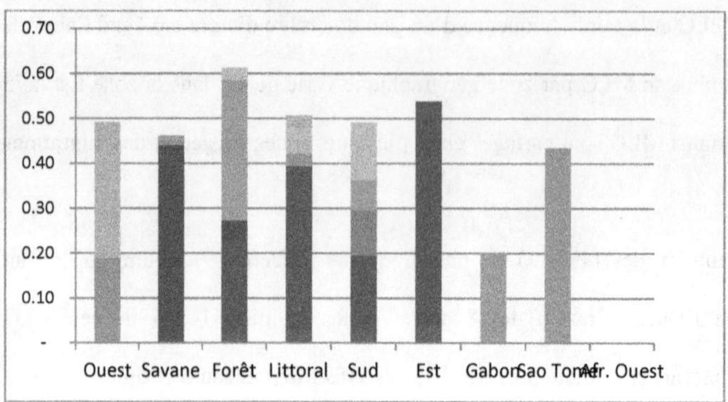

Figure 16. Distribution géographique des 11 MLG de *P. megakarya* les plus représentés.

L'estimation de la diversité génique au sein des 6 zones géographiques au Cameroun montre que les populations de la zone Ouest et Sud sont les plus diverses (0,51 et 0,46) tandis que celle de l'Est est la moins diverse (0,30 ; tableau 7). La mesure de la richesse allélique confirme cette tendance pour la population du Sud (3,41) et de l'Est (2,33) mais pas pour la population de l'Ouest (2,74) qui se situe dans la moyenne des richesses alléliques mesurées (2,81).

Tableau 7. Diversité génique et richesse allélique de *P. megakarya* dans les zones géographiques.

	Ouest	Savane	Forêt	Littoral	Sud	Est
Diversité génique	**0,51**	0,35	0,39	0,44	0,46	0,30
Richesse allélique	2,74	2,68	2,84	2,89	**3,41**	2,33

Afin de tester la pertinence de définir des populations sur des bases géographiques au Cameroun, la différenciation entre ces populations a été mesurée. Pour ce faire l'indice Fst a été calculé entre toutes les paires de populations définies par leur zone géographique d'origine. Les résultats montrent des valeurs globalement faibles de Fst, lesquelles mettent en évidence une faible différenciation entre les 6 zones (tableau 8), à l'exception de la population de la zone Ouest qui est fortement différenciée de toutes les autres.

Tableau 8. Différenciation entre populations de *P. megakarya* du Cameroun définies sur des bases géographiques. Valeur de l'indice Fst entre paires de populations

	Fst-Ouest	Fst-Savane	Fst-Forêt	Fst-Littoral	Fst-Sud	Fst-Est
Fst-Ouest	0	-	-	-	-	-
Fst-Savane	0,187	0	-	-	-	-
Fst-Forêt	0,177	0,037	0	-	-	-
Fst-Littoral	0,130	0,061	0,031	0	-	-
Fst-Sud	0,118	0,053	0,026	0,009	0	-
Fst-Est	0,232	0,105	0,086	0,041	0,069	0

La faible différenciation conforte les résultats de distribution des génotypes multilocus et suggère que la base géographique n'est pas suffisante pour comprendre la structure génétique de l'échantillon au Cameroun. En effet, la présence simultanée de certains génotypes dans plusieurs zones et la faible différenciation semblent indiquer qu'il y a eu des migrations au Cameroun, mais aucune autre hypothèse ne peut être faite. Il est donc nécessaire d'explorer d'autres approches de structuration ne faisant pas ou peu appel à l'origine géographique des individus.

Les analyses multivariées

L'Analyse Factorielle des Correspondances (AFC) des données de génotypage de tous les isolats caractérisés fait apparaître 4 groupes génétiques distincts en Afrique (figure 17) :

- Un groupe Afrique Centrale (AC1) comprenant la majorité des isolats du Cameroun ;
- Un deuxième groupe Afrique Centrale (AC2) qui renferme d'autres isolats du Cameroun ainsi que tous les isolats du Gabon et de Sao-Tomé ;
- Un groupe (MC) composé d'isolats de l'Ouest du Cameroun, parmi lesquels la quasi-totalité de ceux de Muyuka au pied du Mont-Cameroun et la souche de référence NS269. Ce groupe compte aussi 3 isolats de la zone Littoral (Eseka).

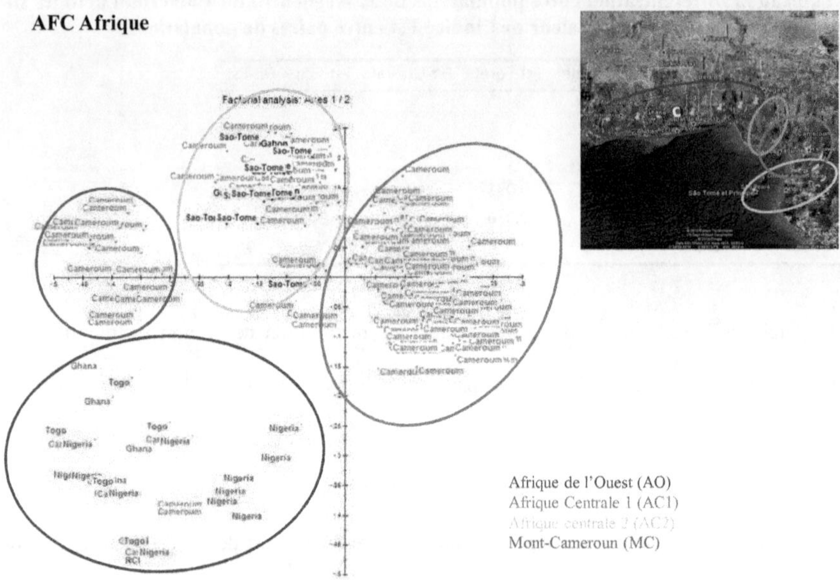

Figure 17. Analyse Factorielle des Correspondances des données génotypiques des souches de *P. megakarya* **d'Afrique.**
Les grands cercles représentent les 4 groupes génétiques définis sur l'échantillon global.
Les isolats du Cameroun sont en vert, ceux d'Afrique de l'Ouest en rouge, ceux du Gabon en noir, et ceux de Sao-Tomé en bleu.

Pour caractériser plus finement la structuration, la même analyse a été effectuée à l'échelle du Cameroun. Elle confirme la présence de ces 4 groupes génétiques (figure 18). Le groupe AC1 est le plus largement représenté, tandis que dans le groupe AO se retrouvent quelques individus du Sud Cameroun, isolés sur la station de recherche cacaoyère de Nkoemvone, et dans une parcelle paysanne située à 1 km de la station, ainsi qu'un isolat du Sud-Ouest, près de la frontière avec le Nigeria. Le groupe MC est exactement celui identifié plus haut dans l'échantillon global.

AFC Cameroun

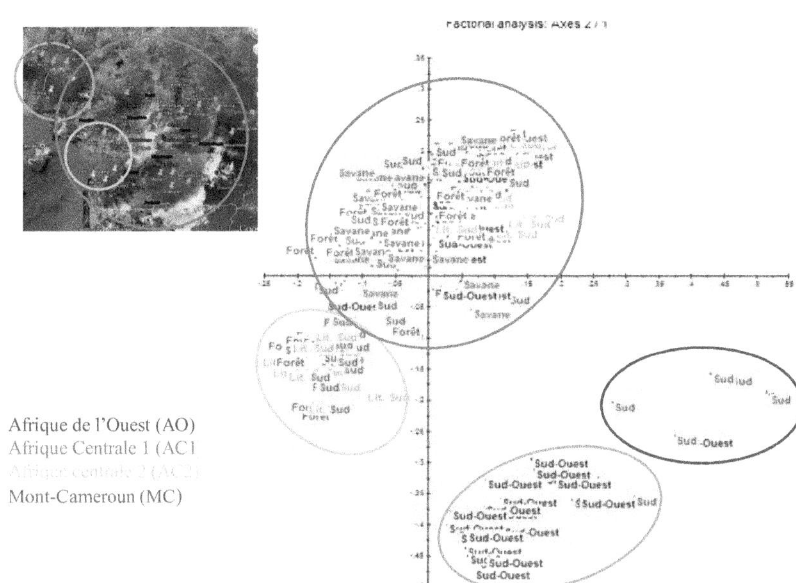

Figure 18. Analyse Factorielle des Correspondances des données génotypiques des souches de *P. megakarya* du Cameroun.

Les grands cercles représentent les 4 groupes génétiques définis sur la population du Cameroun.

Les isolats des différentes zones géographiques sont en bleu (Ouest), rose (Savane), vert (Forêt), bleu clair (Littoral), rouge (Sud), et bleu (Est).

Afin d'affiner les premiers résultats obtenus par des AFC, nous avons choisi de faire une analyse DAPC (Discrimant Analysis of Principal Components) sur l'échantillon global. La valeur du nombre de groupes (k) permettant une description optimale de l'échantillon a été déterminée en faisant les analyses pour k = 3, 4 et 5. La comparaison des distributions obtenues nous a permis de retenir une valeur de k égale à 5 pour la suite de l'étude. En effet, le passage de 3 à 4 groupes conduit à l'éclatement du groupe 3 en deux groupes (3 et 4) d'effectifs importants, tandis que les 2 premiers groupes (1 et 2) sont parfaitement congruents. Ceci justifie que la valeur k = 3 soit invalidée.

Les 4 groupes DAPC définis correspondent globalement assez bien aux 4 groupes AFC définis sur l'échantillon global. Cette corrélation est illustrée ci-dessous (figure 19).

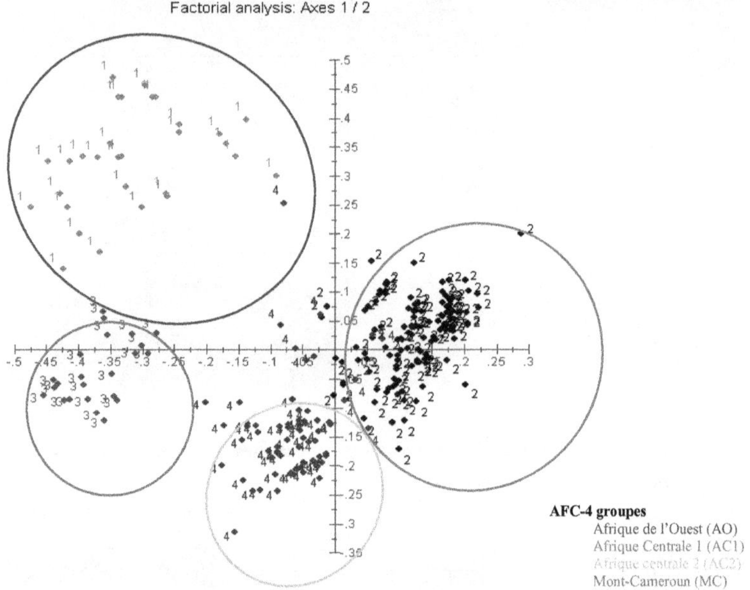

Figure 19. Correspondance entre les groupes définis par DAPC et AFC sur l'échantillon global de *P. megakarya*.
Les grands cercles représentent les 4 groupes AFC définis sur l'échantillon global.
Les points de couleur représentent les 4 groupes DAPC : en rouge (1-AO), en noir (2-AC1), en vert (3-MC), et en bleu (4-AC2).

Bien que cette valeur k = 4 soit concordante avec le nombre de groupes identifiés par l'AFC, nous avons voulu tester une valeur k = 5. Le passage à k = 5 fait apparaître d'une part une bonne corrélation entre groupes 1, 3 et 4, tandis que le groupe 2 (correspondant à AC1) est cette fois-ci éclaté en 2 groupes (2 et 4), tel que le montre le tableau 9.

Tableau 9. Comparaison des assignations DAPC pour k=4 et k=5.

	DAPC k=5				
DAPC k=4	1	2	3	4	5
1	146	4		2	1
2		208		233	
3			81		
4					52

Une analyse détaillée de la distribution géographique des isolats de ces 2 groupes (2 et 4) montre une différence qui peut justifier de les distinguer dans notre analyse (figure 20). Nous avons donc choisi de retenir l'analyse DAPC qui permet de définir 5 groupes génétiques. L'analyse de la distribution géographique de ces groupes et de leur diversité est présentée plus loin.

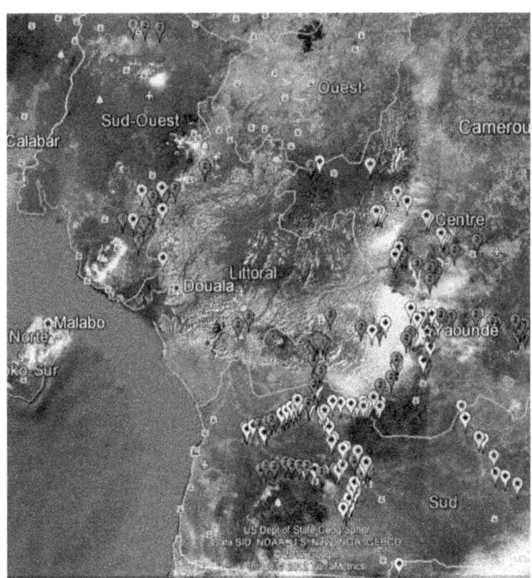

Figure 20. Distribution géographique des groupes DAPC pour k=5 au Cameroun.
Groupe 1 : jaune, 2 : vert, 3 : rouge, 4 : bleu, 5 : rose.

La figure 21 illustre les 5 groupes DAPC.

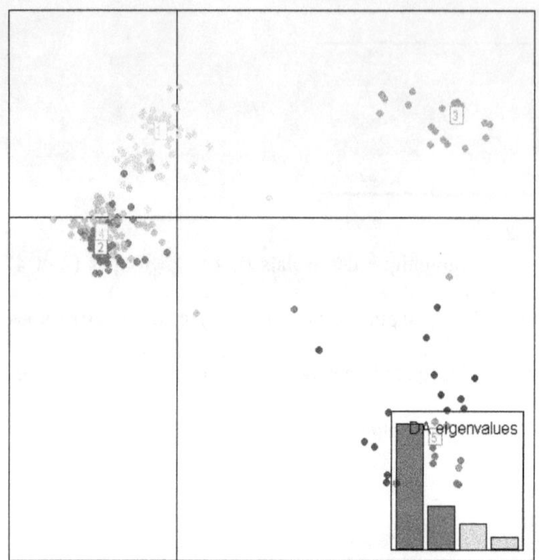

Figure 21. DAPC (k=5) sur les 727 individus de l'échantillon global de *P. megakarya*. Les individus sont représentés dans un plan (1,2). Les valeurs propres sont données dans le coin inférieur du graphique.

Inférence avec le logiciel STRUCTURE

Nous avons par ailleurs utilisé le logiciel STRUCTURE pour identifier des populations. L'identification du nombre k de groupes s'est faite selon 2 approches : la méthode d'(Evanno et al., 2005) sur la base de la variation des valeurs du logarithme de la vraisemblance (LnP(D)) et une comparaison des profils d'assignation des individus représentant les différents MLG obtenus pour différentes valeurs de k.

Pour ce qui est de la méthode d'Evanno, la valeur de k n'a pas pu être déterminée pour l'échantillon global, tandis qu'une valeur de k=3 est donnée pour la population du Cameroun (figure 22).

Choix de K: Méthode d'Evanno

Afrique

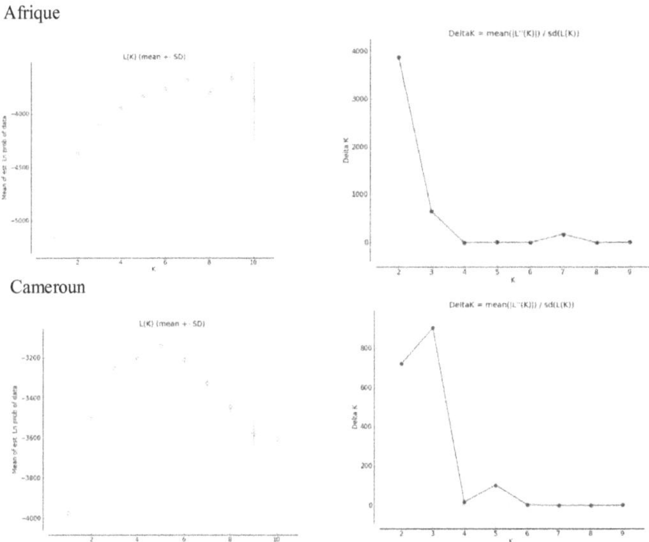

Figure 22. Choix du nombre de populations k par la méthode d'Evanno (Evanno *et al.*, 2005).

Cette méthode de détection du nombre de clusters semble peu adaptée pour notre échantillon dont la structure serait de type hiérarchique. Pour cela, nous avons choisi d'identifier le nombre de groupes génétiques à partir des profils d'assignation des individus aux populations. Ainsi, nous avons comparé les résultats d'assignation pour les différentes répétitions d'une même valeur de k (stabilité) et testé si l'augmentation du nombre de groupes n'entrainait pas une augmentation du nombre d'individus assignés à plusieurs groupes. La figure 23 montre les profils d'assignation de tous les MLG dans l'échantillon global pour des valeurs de k comprises entre 2 et 7.

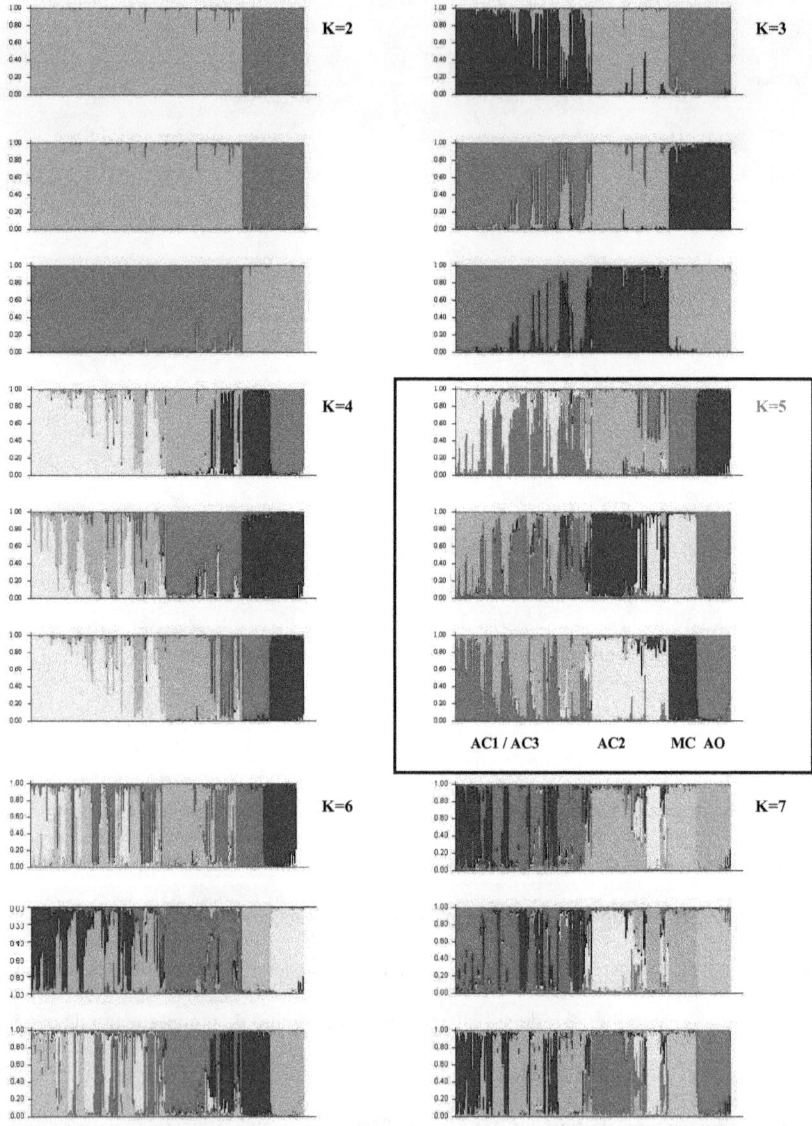

Figure 23. Profils d'assignation des représentants de MLG dans l'échantillon global de *P. megakarya*, obtenus avec STRUCTURE pour k=2 à 7.

Bien qu'elle présente des signes d'admixture dans certains groupes, la valeur k=5 donne des groupes plus stables que ceux obtenus avec k=4, qui en fonction des répétitions n'assigne pas certains isolats au même groupe. La probabilité d'assignation des individus à une seule population reste en moyenne très bonne et n'indique pas une surestimation du nombre de groupes. Les valeurs k=6 et k=7 ne semblent pas apporter d'information supplémentaire. Le choix le plus judicieux semble donc celui de la valeur k=5. Le tableau 10 donne la répartition de ces 5 groupes dans les différentes zones géographiques. Il apparait que les groupes 2 et 4 sont représentés dans les différentes zones au Cameroun, tandis que le groupe 1 est absent dans l'Ouest et l'Est.

Tableau 10. Distribution des 5 groupes STRUCTURE et des individus mal assignés dans les zones géographiques définies sur l'ensemble de l'échantillon.

STRUCTURE-k=5	Afr. Ouest	Ouest	Savane	Forêt	Littoral	Sud	Est	Gabon	Sao-Tome
1			1	26	19	69		4	1
2		23	7	44	43	54	24		
3		78			4				
4		27	77	70	1	42	2		
5	43	1				9			
Mal assignés	0	3	8	10	4	5	0	6	22

Aucun signe d'admixture n'est observé chez les individus d'Afrique de l'Ouest, tandis que la majorité des individus du Gabon et de Sao-Tomé sont mal assignés (figure 24.a). Au Cameroun, seule la zone de l'Est ne présente pas de signe d'admixture. La figure 24.b montre la répartition des groupes STRUCTURE dans l'échantillon global et au Cameroun.

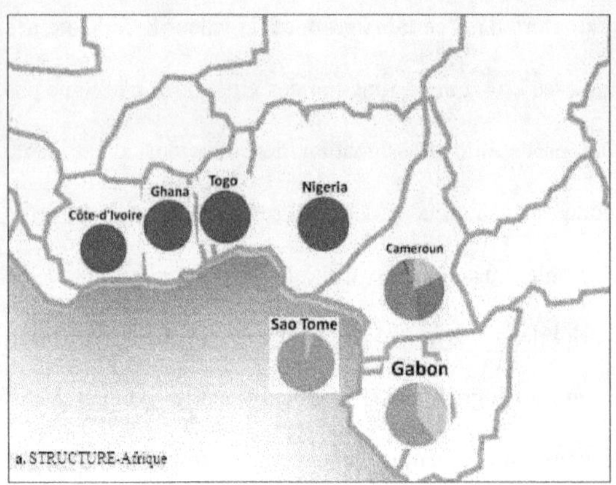

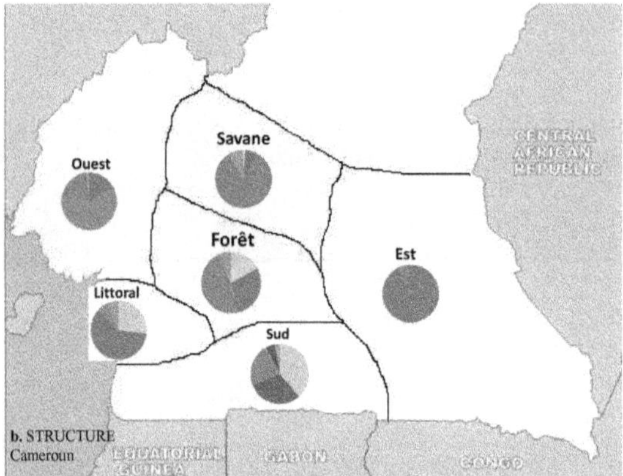

Figure 24. Distribution des isolats de *P. megakarya* dans les groupes STRUCTURE
En jaune : groupe 1 ; En rouge : groupe 2 ; En vert : groupe 3 ; En gris : groupe 4 ; Et en bleu : groupe 5 ; et en orange : individus non assignés.
a. Distribution des 727 individus de l'échantillon global (Afrique).
b. Distribution des 651 individus du Cameroun.

Il est à noter qu'il existe une bonne concordance entre les groupes STRUCTURE (k=5) et ceux obtenus par l'analyse discriminante en composante principale (DAPC-k=5). Ainsi, le groupe AO est identique au groupe STRUCTURE 5, tandis que le groupe MC est équivalent au groupe STRUCTURE 3 à un individu près. Les 3 autres groupes AC1, AC2, et AC3 sont majoritairement représentés dans les groupes STRUCTURE 2, 1, et 4 respectivement (tableau 11).

Tableau 11. Comparaison entre la DAPC (k=5) et STRUCTURE (k=5)

	Structure-k=5					
DAPC-k=5	1	2	3	4	5	Mal assignés
1-AC2	113		1			32
2-AC1		192		10		10
3-MC			81			0
4-AC3	7	3		209		16
5-AO					53	0

Les résultats globaux d'assignation des individus par les 2 méthodes confortent ainsi le choix d'un nombre de populations k=5. Par ailleurs, l'admixture observée avec STRUCTURE s'explique probablement par le fait que le logiciel STRUCTURE n'est pas adapté pour des populations clonales. De ces 2 méthodes, nous retiendrons donc la DAPC comme méthode la plus adaptée.

Inférence avec le logiciel Geneland

Enfin, pour définir des populations en prenant en compte l'origine géographique des isolats, nous avons utilisé le logiciel Geneland. Sept groupes ont été identifiés sur l'ensemble de l'échantillon. Les cartes ci-dessous représentent la répartition géographique des clusters ainsi que les probabilités d'assignation des isolats à chacun des groupes (figure 25).

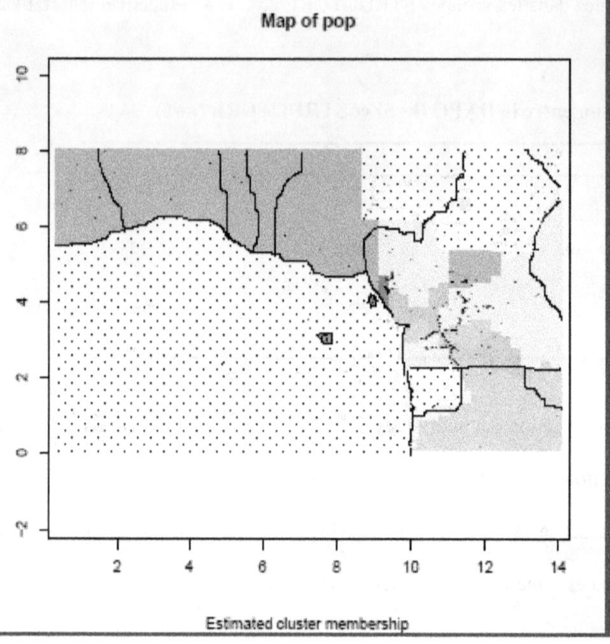
Map of pop
10
8
6
4
2
0
-2
2
4
6
8
10
12
14
Estimated cluster membership

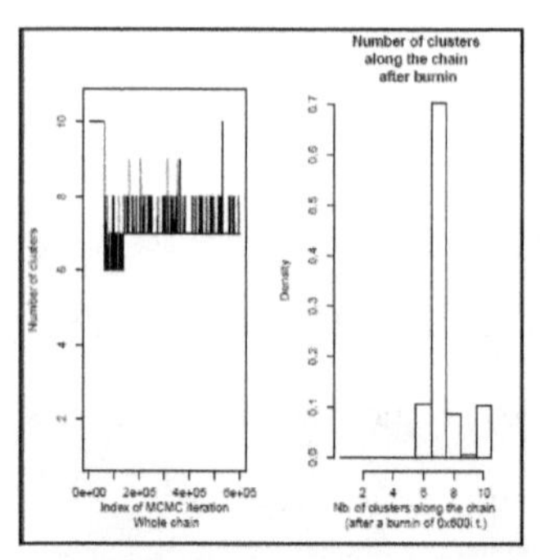
Number of clusters
along the chain
after burnin
Number of clusters
Density
Index of MCMC iteration
Whole chain
Nb. of clusters along the chain

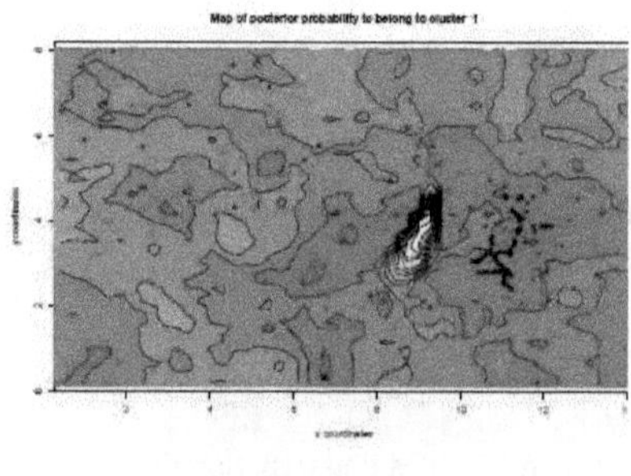
Map of posterior probability to belong to cluster 1

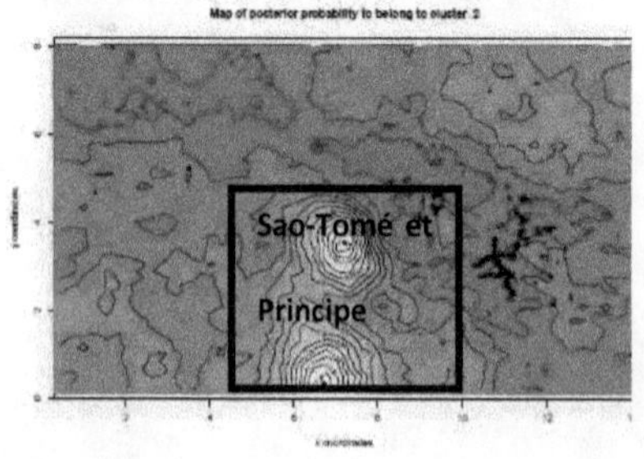
Map of posterior probability to belong to cluster 2
Sao-Tomé et
Principe

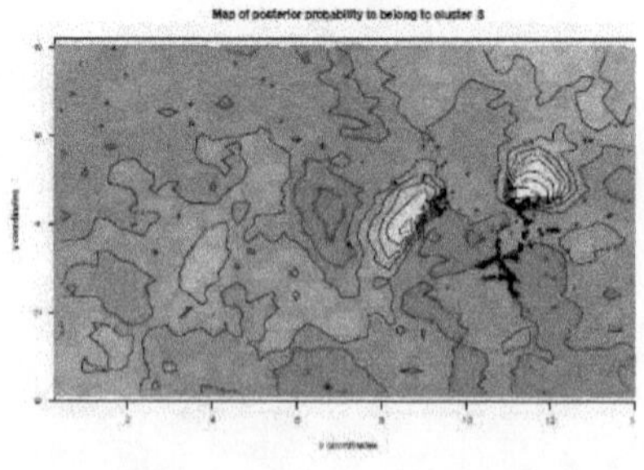
Map of posterior probability to belong to cluster 3

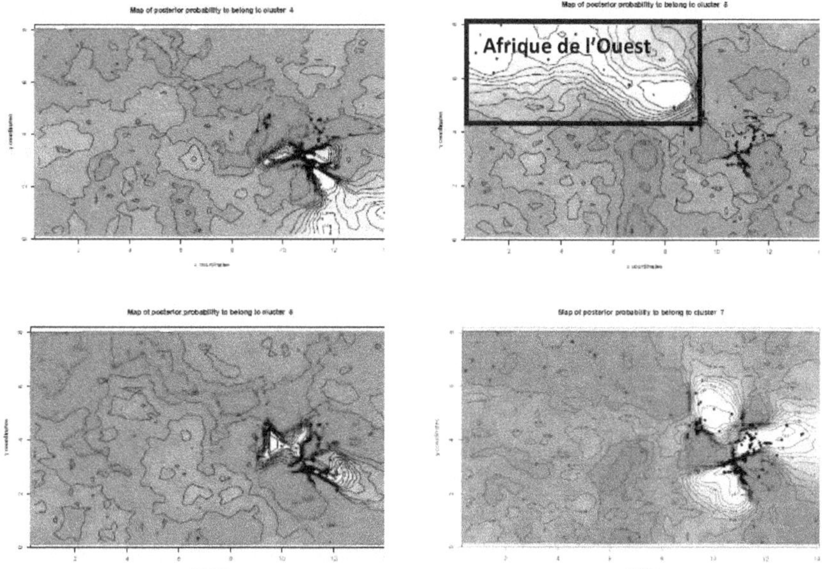

Figure 25. Répartition géographique des 7 clusters Geneland et cartes des probabilités d'assignation de l'ensemble des individus aux différents clusters.
Les couleurs sur la première carte représentent les différents clusters dont le nombre est donné dans la 2ème figure : cluster 1 (vert-foncé), cluster 2 (vert moyen), cluster 3 (vert-olive), cluster 4 (jaune), cluster 5 (brun clair), cluster 6 (rose), et cluster 7 (gris-clair).
Les 7 cartes suivantes montrent les probabilités d'appartenance à l'un des 7 clusters. Les gradients de couleur, du clair (blanc/jaune) au foncé (orange/rouge) indiquent des probabilités décroissantes d'appartenance à un cluster donné.

L'addition de données géographiques aux données génétiques devrait permettre une définition plus détaillée des groupes génétiques. Le tableau 12 donne la distribution des 7 clusters dans les différentes zones géographiques.

Tableau 12. Distribution des 7 clusters Geneland dans les zones géographiques définies sur l'ensemble de l'échantillon.

Geneland-7 clusters	Afr. Ouest	Ouest	Savane	Forêt	Littoral	Sud	Est	Gabon	Sao-Tomé
1		80							
2									23
3			91						
4				84	19	52		10	
5	43	1							
6		3			7	97			
7		46	4	65	45	31	26		

Cette méthode classe l'ensemble des isolats d'Afrique de l'Ouest dans un cluster unique (5), comme le font l'AFC, la DAPC et STRUCTURE. Les résultats montrent par ailleurs que la composante géographique a un poids dans l'assignation des individus aux différents clusters définis avec Geneland. Ainsi, les clusters 1, 2 et 3 sont exclusivement constitués d'individus de l'Ouest-Cameroun, Sao-Tomé et Savane-Cameroun respectivement. Cette contribution de la géographie n'apparait cependant plus clairement lorsque nous observons le cluster 7, constitué d'individus issus de toutes les zones géographiques au Cameroun, ou le cluster 4, présent dans 3 zones camerounaises ainsi qu'au Gabon. La figure 26 montre la répartition des 7 clusters Geneland dans les différentes zones géographiques, en Afrique et au Cameroun.

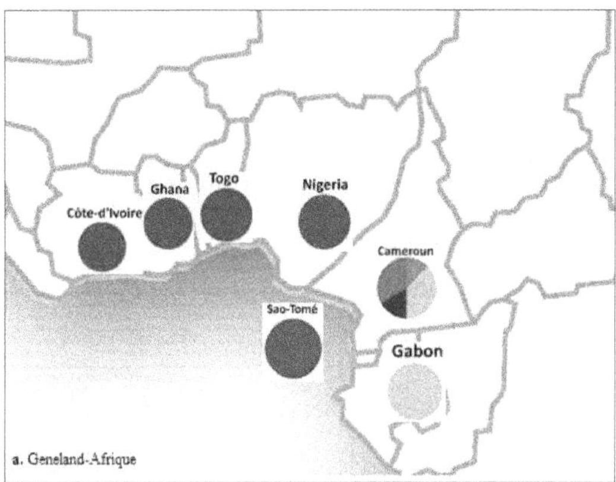

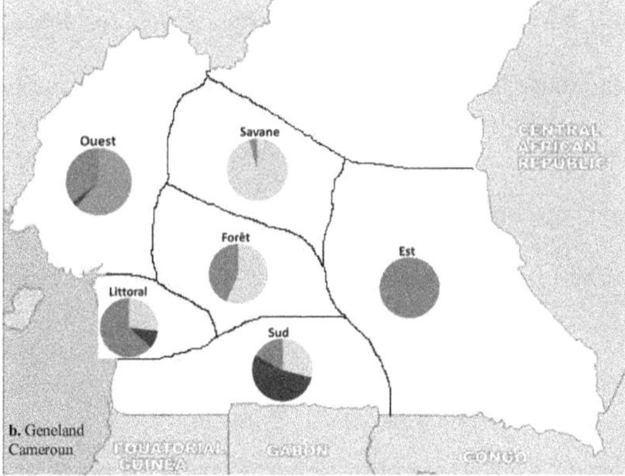

Figure 26. Distribution des isolats de *P. megakarya* dans les clusters Geneland
Vert : cluster 1, brun : cluster 2, rose : cluster 3, jaune : cluster 4, bleu : cluster 5, vert-brun : cluster 6, rouge : cluster 7.
a. Distribution des 727 individus de l'échantillon global (Afrique).
b. Distribution des 651 individus du Cameroun.

Cette méthode est la seule qui sépare les individus du Gabon et de Sao-Tomé. Cette distinction semble validée par l'analyse détaillée des MLG, puisque les 2 zones n'ont aucun MLG en commun (tableau 13).

Tableau 13. MLG présents au Gabon et à Sao-Tomé

MLG	116	142	153	154	162	163	164	165	166	167	168	169	170	171	172
Gabon	2	1	1	6											
Sao-Tome					10	2	1	1	1	1	2	1	1	1	1

Comparaison entre Geneland et les 3 autres méthodes d'assignation (AFC, DAPC et STRUCTURE)

Les résultats montrent des similitudes entre l'assignation des individus dans les différents clusters par Geneland et leur distribution dans les différents groupes génétiques par les autres méthodes. Ainsi, tous les individus d'Afrique de l'ouest (AO) sont assignés au cluster Geneland 5, tandis que les individus du groupe MC, au pied du Mont-Cameroun sont assignés au cluster 1. A contrario, seul Geneland sépare les individus du Gabon et de Sao-Tomé. De même, sur les 10 individus du Cameroun qui étaient classés jusque-là dans le groupe Afrique de l'ouest (AO), seul l'isolat de l'Ouest reste dans le cluster Geneland 5. Les 9 autres (Sud) en sont séparés.

Cependant, certains groupes définis avec Geneland semblent artéfactuels. Ceci pourrait être dû à la clonalité de *P. megakarya* et donc au non-respect de l'hypothèse de panmixie qui est à la base théorique des assignations avec Geneland. Toutefois, l'analyse avec STRUCTURE, qui est aussi basée sur une hypothèse de panmixie, assigne globalement les individus aux mêmes groupes que ceux définis par des approches sans a priori. Pour la suite des analyses, nous avons donc privilégié la robustesse plutôt que la finesse potentielle de définition des groupes. Pour cela, nous avons retenu les résultats de la DAPC avec une valeur de k = 5 pour décrire la structure génétique de la population étudiée. Cette méthode semble décrire au mieux l'échantillon, et les 5 groupes identifiés (AO, AC1, AC2, MC et AC3) sont le plus souvent validés par les autres méthodes testées et semblent correspondre à la fois à des processus biologiques et à la réalité géographique.

Distribution géographique des 5 groupes génétiques

Au final, nous retiendrons donc les 5 groupes génétiques décrits ci-dessus (figure 21): le groupe AC1 (DAPC-2, en rouge) renferme la majorité des isolats du Cameroun, et est représenté dans l'ensemble des zones géographiques de ce pays ; le groupe AC2 (DAPC-1, en jaune) est présent au Cameroun excepté dans l'Ouest et l'Est. Il contient par ailleurs tous les isolats du Gabon et de Sao-Tomé ; le groupe MC (DAPC-3, en vert) est constituée d'isolats de l'Ouest du Cameroun (au pied du Mont Cameroun), dont la souche de référence NS269, et des souches isolées à Eseka (zone Littoral) ; le groupe AO (DAPC-5, en bleu) est constitué de tous les isolats d'Afrique de l'Ouest et de quelques individus du Sud et de l'Ouest au Cameroun ; le groupe AC3 (DAPC-4, en gris) est comme AC1 présent dans toutes les zones géographiques au Cameroun (tableau 14).

Tableau 14. Distribution des 5 groupes génétiques dans les zones géographiques définies sur l'ensemble de l'échantillon de *P. megakarya*.

DAPC k=5	Afr. Ouest	Ouest	Savane	Forêt	Littoral	Sud	Est	Gabon	Sao Tome
1-AC2			2	25	20	66		10	23
2-AC1		22	14	52	44	56	24		
3-MC		78			3				
4-AC3		31	77	73	4	48	2		
5-AO	43	1				9			

La distribution de ces groupes en Afrique montre que les 5 groupes génétiques sont présents au Cameroun, tandis qu'un seul groupe est présent dans les autres pays étudiés (figure 27-a). Ce résultat confirme que le Cameroun pourrait être le centre d'origine des migrations vers les autres pays et qu'il y aurait eu des migrations indépendantes vers l'Ouest et vers l'Est.

Au niveau du Cameroun, 4 des 5 groupes génétiques sont présents dans les zones Littoral, Ouest et Sud. Deux et trois groupes sont présents respectivement dans la zone Est et la zone de Savane (figure 27-b). La zone Sud pourrait être à l'origine des migrations vers l'Afrique de l'Ouest puisque c'est la seule zone géographique au Cameroun où le groupe AO est détecté.

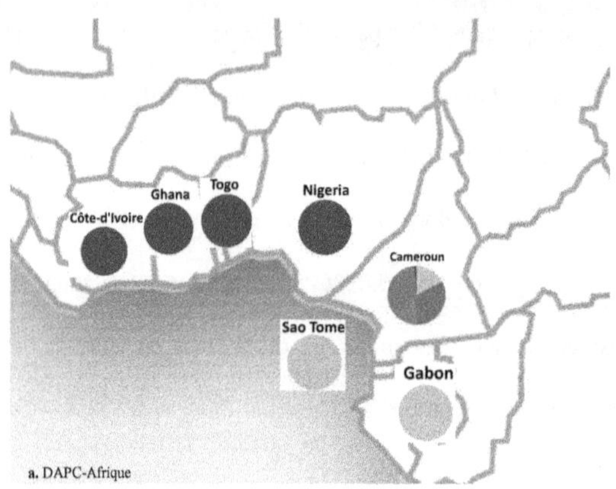

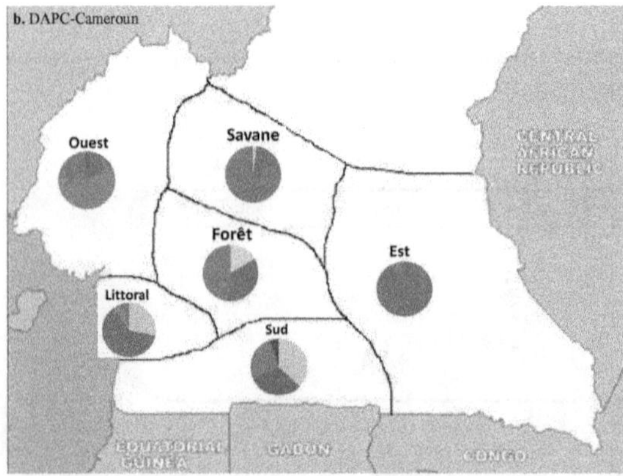

Figure 27. Distribution des groupes génétiques de *P. megakarya*.
Rouge : AC1, jaune : AC2, gris : AC3, vert : MC, bleu : AO.
a. Distribution des 727 individus de l'échantillon global (Afrique).
b. Distribution des 651 individus du Cameroun.

Diversité génétique au sein des 5 groupes génétiques

Le tableau 15 présente la diversité génique et la richesse allélique dans les 5 groupes génétiques. Il apparaît que la plus forte valeur de diversité génique est observée dans le groupe AC2 (0,46), et la plus faible dans le groupe AC1 (0,29). De même, la valeur la plus élevée de richesse allélique est observée dans le groupe AC2 (2,65), mais la valeur la plus faible est plutôt observée dans le groupe MC (1,97). Il est à noter que la faible richesse allélique du groupe MC contraste avec sa relativement forte diversité génique. Ces caractéristiques pourraient s'expliquer par un effet de fondation ayant réduit la richesse allélique et la fixation des loci à l'état hétérozygote qui entraine une diversité génique élevée. Ces résultats sont compatibles avec l'hypothèse de l'apparition d'un clone issu d'une hybridation. La plus forte richesse allélique au sein des groupes AC2 et AC3 pourrait laisser supposer qu'un de ces 2 groupes est à l'origine des autres groupes génétiques.

Tableau 15. Diversité génique et richesse allélique dans les 5 groupes génétiques de *P. megakarya* définis sur l'échantillon de *P. megakarya* en Afrique.
N représente l'effectif du groupe et Na le nombre moyen d'allèles par locus.

			Diversité génique (Hnb)		*Richesse allélique*	
Population	N	Na	Moyenne	Ecart-type	Moyenne	Ecart-type
AC1	212	3,50	0,29	0,24	2,09	0,62
AC2	146	4,08	0,46	0,21	2,65	0,99
AC3	235	3,75	0,34	0,21	2,30	0,69
MC	81	2,17	0,40	0,19	1,97	0,39
AO	53	2,83	0,34	0,21	2,29	0,77
Pop globale	727	3,27	0,37	0,21	3,06	0,98

La différentiation intergroupe a été mesurée en calculant l'indice Fst entre paires de groupes (tableau 16). Les groupes sont globalement très différenciés (moyenne = 0,35). Le groupe AO est le plus différencié (0,44) alors que les groupes AC sont les moins différenciés entre eux (0,20). La plus forte différenciation entre AC1 et AC2 qu'entre les autres paires de groupes AC, suggère qu'AC3 pourrait être à l'origine des autres groupes AC.

Le groupe MC est très fortement différencié des groupes AC1 (0,511) et AC3 (0,429) et beaucoup moins avec les groupes AC2 (0,223) et AO (0,361). Dans l'hypothèse où le groupe MC serait issu d'une hybridation, les parents de l'hybride pourraient être issus des groupes AC2 et AO.

Tableau 16. Indices Fst par paires de groupes génétiques identifiés dans l'échantillon de *P. megakarya* en Afrique.

	AC2	AC1	MC	AC3	AO
AC2	0				
AC1	0,294	0			
MC	0,223	0,511	0		
AC3	0,172	0,132	0,429	0	
AO	0,401	0,528	0,361	0,477	0

Pour la suite de ce travail, et en rapport avec notre question de recherche principale qui s'intéresse au centre d'origine/diversité de *P. megakarya*, nous avons comparé entre zones géographiques la diversité mesurée au sein de chacun des groupes génétiques. Cette comparaison n'a pas été réalisée pour les groupes AO et MC qui sont très majoritairement localisés dans une zone (tableau 17).

Tableau 17. Diversité génique et richesse allélique des groupes génétiques de *P. megakarya* au sein des 6 zones géographiques définies au Cameroun.
N représente l'effectif du groupe considéré au sein de la zone géographique.

AC1	*N*	*Diversité génique*	*Richesse allélique*
Ouest	**22**	0,243	2,046
Savane	14	0,332	2,167
Forêt	52	0,291	2,047
Littoral	44	0,292	1,950
Sud	56	0,304	2,224
Est	24	0,289	1,976

AC2	*N*	*Diversité génique*	*Richesse allélique*
Ouest			
Savane	2	0,417	1,917
Forêt	25	0,483	1,960
Littoral	20	0,451	1,871
Sud	66	0,456	1,868
Est			

AC3	*N*	*Diversité génique*	*Richesse allélique*
Ouest	31	0,301	1,557
Savane	77	0,327	1,596
Forêt	73	0,290	1,531
Littoral	4	0,260	1,500
Sud	48	0,332	1,644
Est	2	0,333	1,667

Ces résultats ne montrent pas de différences entre les zones géographiques au sein des groupes. Il est donc impossible d'identifier une zone d'origine des migrations sur ce critère. Par contre, il apparait que l'Ouest et l'Est ne sont pas la zone d'origine du groupe AC2. Ce groupe a par ailleurs les plus fortes valeurs de diversité génique. Le groupe AC3 présente les plus faibles valeurs de richesse allélique ce qui contredit l'hypothèse qu'il puisse être à l'origine des autres groupes AC.

Le groupe MC est-il issu d'une hybridation ?

La population détectée comme hybride dans une étude antérieure (Nyasse et al., 1999) correspond au groupe MC de notre étude. Dans une population hybride, la présence de deux allèles majoritaires en fréquences équilibrées (de l'ordre de 0,5) sont attendues. Si nous faisons l'hypothèse que le groupe MC est hybride entre l'Afrique Centrale (AC) et l'Afrique de l'Ouest (AO), il doit être constitué majoritairement d'hétérozygotes présentant les allèles de l'une et l'autre population à tous les loci. Le groupe MC présente effectivement une forte hétérozygotie avec une valeur de Fis de -0,80, contre -0,65 pour AC1, -0,55 pour AC2, -0,48 pour AC3 et -0,34 pour AO. Deux allèles majoritaires et en fréquences équilibrées sont bien présents dans le groupe pour 9 des 12 loci, tandis qu'aux 3 autres loci (SSR20, 71b et 22b), nous avons une majorité d'homozygotes. Quant à la provenance des allèles de l'une et l'autre population à tous les loci, aucun locus n'invalide l'hypothèse d'un groupe hybride. De façon générale, les fréquences alléliques observées dans le groupe MC correspondent aux fréquences des allèles majoritaires dans les populations AC et AO.

Concernant les groupes AC, et sur la base des fréquences alléliques, le meilleur candidat pour avoir donné un des parents de l'hybride serait AC2. Le tableau 18 montre en effet que l'allèle 189 (SSR24b), présent chez plus de 90% des individus du groupe MC (annexe 5), ne peut provenir que du groupe AC2. Par ailleurs, les allèles 252 (SSR7) et 207 (SSR71b) proviennent probablement de ce même groupe sur la base des fréquences de ces allèles dans les 3 groupes AC. Les analyses de différenciation inter groupes vont dans le même sens. En effet, la valeur de Fst entre les groupes MC/AC2 (0,223) est plus faible que celles calculées entre MC/AC1 (0,511) et MC/AC3 (0,429) (tableau 16).

Pour ce qui est de l'Afrique de l'Ouest, l'allèle 71 (SSR8), présent chez plus de 95% des individus du groupe MC, provient exclusivement du groupe AO, ce qui suggère fortement que ce groupe est l'un des parents du groupe MC. En outre, sur la base de leurs fréquences, les allèles 86 (SSR6), 225 (SSR28b), et 123 (SSR1) ont de fortes chances de provenir du groupe AO. De même, les calculs de Fst (tableau 16) montrent une valeur de Fst MC/AO relativement faible (0,361).

Tableau 18. Fréquences dans les 5 groupes génétiques des allèles présents aux 12 loci dans le groupe MC.
Ne sont représentés par locus que les allèles présents dans le groupe MC. Le tableau complet est donné en annexe 5.

Locus	Allèles	AC1	AC2	AC3	MC	AO
SSR6	82	0,998	0,993	0,989	0,494	0,075
	86	0,002	0,003	0,004	0,506	0,434
SSR31	82	0,526	0,507	0,506	0,5	0,519
	85	0,474	0,493	0,491	0,5	0,481
SSR24b	180	0,6	0,5	0,506	0,5	0,618
	186	0,4	0,381	0,494	0,043	0,265
	189	0	0,119	0	0,457	0
SSR28b	225	0	0,01	0,011	0,475	0,491
	227	0,521	0,643	0,798	0,525	0,5
SSR20	90	0,033	0,377	0,226	0,994	0,915
	99	0,448	0,048	0,087	0,006	0
SSR1	117	0,979	0,976	0,994	0,426	0,028
	123	0,021	0,024	0,006	0,574	0,83
SSR49	239	0,063	0,534	0,124	0,556	1
	245	0,937	0,466	0,876	0,444	0
SSR7	252	0,012	0,37	0,002	0,5	0
	256	0,5	0,466	0,509	0,5	1
SSR11	128	0,943	0,586	0,83	0,5	0,745
	134	0,012	0,4	0,132	0,5	0
SSR71b	201	0,969	0,359	0,944	0,012	0,882
	207	0,021	0,641	0,054	0,988	0,118
SSR8	71	0	0	0	0,481	0,434
	83	0,498	0,462	0,496	0,519	0,066
SSR22b	158	0,972	0,198	0,645	0,16	0,755
	160	0,028	0,59	0,308	0,84	0,245

Ainsi, bien qu'une preuve formelle ne soit établie, les résultats obtenus étayent l'hypothèse selon laquelle le groupe MC est constitué d'hybrides entre les individus d'un groupe AC, vraisemblablement le groupe AC2, et le groupe AO.

IV. Discussions et perspectives

1. Mode de reproduction

La première question que nous nous sommes posée dans cette étude est celle du mode de reproduction de *P. megakarya*. Bien que ce dernier soit capable de produire des oospores viables *in vitro*, et que l'hypothèse d'une reproduction sexuée dans la nature ait souvent été avancée, aucune indication de ce mode de reproduction sur cacaoyer n'a été mise en évidence dans notre étude. Nos résultats ont en effet montré une présence exclusive du type sexuel A1 dans la population contemporaine suite à des confrontations avec nos souches témoins. L'absence du type sexuel A2 rend impossible tout croisement dans les zones prospectées. Parallèlement, l'existence de génotypes multilocus répétés, la forte hétérozygotie (faibles valeurs de Fis) ainsi que les importants déséquilibres de liaison (fréquences élevées des paires de loci en déséquilibre de liaison) suggèrent une absence d'évènements de recombinaison au sein des zones géographiques. Ces résultats nous confortent dans l'idée que la reproduction de *P. megakarya in natura* se fait selon un mode asexuée, soit par des zoospores, soit par des chlamydospores. Toutes les souches contemporaines étudiées se sont montrées capables de produire des chlamydospores, qui leur permettraient de survivre dans la nature pendant la saison sèche, et ainsi de maintenir les différents MLG d'une saison à l'autre dans une cacaoyère. Cependant, la présence de souches A2 anciennes montre que les 2 types sexuels étaient présents sur cacaoyer il y a une vingtaine d'années dans les zones Littoral, Forêt, Sud et Ouest (souches Orstom). L'existence de la reproduction sexuée à cette époque, probablement marginale et cryptique, car jamais observée dans la nature, ne peut donc être écartée. Ce mode de reproduction aurait ensuite disparu sur cacaoyer.

2. Existence d'une population hybride

Les travaux antérieurs à cette thèse ont abouti à formuler l'hypothèse d'individus hybrides mais les marqueurs utilisés et le faible nombre d'individus ne permettaient pas de tester cette hypothèse. Nous avons détecté un groupe correspondant à ces individus potentiellement hybrides dans notre échantillon (groupe MC). Les individus de ce groupe ont été isolés dans une zone géographique intermédiaire entre l'Afrique de l'Ouest et l'Afrique Centrale où sont localisés respectivement les groupes génétiques AO et AC1/AC2/AC3. Il en découle 2 hypothèses : soit le groupe MC est la population source à partir de laquelle auraient divergé la population AO et la population AC, soit il s'agit d'une population plus récente, hybride entre des populations d'Afrique Centrale et la population Afrique de l'Ouest. Les résultats obtenus nous laissent penser qu'il ne s'agit pas d'une population source pour deux raisons. Tout d'abord, une population source est généralement plus diverse que les populations migrantes qui en sont issues. Or, la population MC présente la plus faible diversité allélique. Par ailleurs, il est assez difficile d'expliquer pourquoi, à partir d'un même centre d'origine, les individus du groupe MC n'auraient pas migré, tandis que les individus AO auraient migré vers l'Ouest et les individus AC vers l'Est. L'hypothèse de l'apparition d'un clone issu d'une hybridation entre un ou des individus du groupe AO et un ou des individus du groupe AC est donc plus probable. L'analyse détaillée des combinaisons alléliques dans le groupe MC et la comparaison avec les groupes AO et AC conforte cette hypothèse.

3. Où est le centre de diversité et d'origine de *P. megakarya*?

La deuxième question que nous nous sommes posée au départ de cette thèse était celle du centre de diversité de *P. megakarya*. Nous sommes ici en présence d'un agent pathogène invasif qui n'a pas atteint son stade ultime d'invasion puisqu'il continue sa progression vers l'ouest du continent (région Ouest de la Côte-d'Ivoire). La variabilité génétique de cet agent pathogène est cependant très faible dans toute l'Afrique de l'Ouest (Nigeria, Togo, Ghana, Côte-d'Ivoire). Nos résultats montrent en effet une grande homogénéité génétique (un seul groupe génétique, AO) dans toute cette région. Les distances génétiques entre les différents MLG y sont faibles, ce qui suggère qu'ils constituent un groupe clonal unique. Cette faible variabilité pourrait s'expliquer par des effets de fondation et un fort goulot d'étranglement suivis de dérive génétique, à partir d'une migration originaire du Cameroun. Il s'agirait donc d'une tête de pont invasive à partir d'une population particulière du Cameroun, qui aurait servi de sources pour toutes les populations d'Afrique de l'Ouest. La population source pourrait se situer au Sud du Cameroun, seule région du pays où des individus du groupe AO ont été identifiés.

Les individus du Gabon et de Sao-Tomé (Afrique Centrale) appartiennent au même groupe génétique AC2. Ce groupe est également présent dans les zones Forêt, Littoral et Sud du Cameroun. Cette distribution laisse donc supposer qu'une de ces 3 zones est la source des migrations vers le Gabon et Sao-Tomé. Il apparait que les isolats de Sao-Tomé constituent un groupe clonal unique à partir du MLG majoritaire (162), tandis que ceux du Gabon sont un peu plus hétérogènes. Cette zone partage cependant un de ses MLG majoritaires avec les zones Sud et Forêt au Cameroun, ce qui du point de vue géographique laisse supposer que ce MLG serait à l'origine de l'invasion au Gabon. Il s'agirait d'un clone unique qui se serait répandu au Gabon à partir du Cameroun, sous l'effet de l'expansion de la culture ou de facteurs anthropiques. Quant à Sao-Tomé, le scénario suggéré par les résultats est celui d'un clone unique introduit à partir du Cameroun et qui se serait diversifié dans l'île.

Quelle que soit la méthode utilisée, la plus grande variabilité génétique est observée au Cameroun, contrairement à l'Afrique de l'Ouest et aux autres pays d'Afrique Centrale (Gabon et Sao-Tomé). La distribution des différents groupes génétiques et des génotypes multilocus au Cameroun montre une faible structuration géographique. Ainsi, le MLG 5 est majoritaire au Cameroun et présent dans 5 des 6 zones géographiques définies. Cette prévalence géographique au Cameroun pourrait être due à la dissémination par voie anthropique de l'agent pathogène. Il est probable que l'introduction progressive du matériel végétal à partir des premières plantations de Bipindi-Lolodorf ait permis l'établissement de ce clone dans toute la zone de production cacaoyère au Cameroun.

La mesure de la diversité allélique pour chaque groupe génétique dans les différentes zones géographiques du Cameroun ne met pas en évidence une zone de forte diversité. Par contre, la distribution géographique des différents groupes génétiques au Cameroun permet de mettre en évidence une plus grande diversité dans les zones Sud, Littoral, Forêt et Savane. De par la présence d'individus du groupe AO dans la zone Sud, cette région est la meilleure candidate pour être le centre de diversité de *P. megakarya* et le centre d'origine des migrations. Mais, les migrations entre zones géographiques semblent importantes et ne permettent pas de localiser plus précisément un centre de diversité.

Chapitre II

Dynamique spatiale et temporelle de la pourriture brune dans des parcelles cacaoyères au Cameroun

I. Introduction

La définition de stratégies de lutte efficaces contre les maladies émergentes et la prévention des invasions nécessitent que des études épidémiologiques continues soient menées à l'échelle régionale (Antonovics *et al.*, 2002). Au niveau local, la gestion des épidémies est souvent limitée par le manque de données épidémiologiques sur les zones infectées, ainsi que l'absence d'étude sur la dynamique spatiale de la maladie à l'échelle de la parcelle (Filipe *et al.*, 2012).

La pourriture brune des cabosses causée par *Phytophthora megakarya* est à l'origine de pertes de production de l'ordre de 80%, voire 100% en conditions de très forte humidité (Despreaux, 1988) ; (Berry and Cilas, 1994). Toutes les tentatives d'éradication de l'agent pathogène sont cependant restées vaines (Guest *et al.*, 1994 ; (Acebo-Guerrero et al., 2011). L'on note même une recrudescence de la maladie en champ dans certaines zones de production au Cameroun.

1. Méthodes de lutte

Plusieurs méthodes ont été testées à ce jour pour lutter contre la pourriture brune des cabosses. Ces méthodes de lutte peuvent être appliquées individuellement dans les parcelles.

a. La lutte chimique

La lutte chimique est la principale méthode utilisée contre *P. megakarya*. Elle se fait par application de composés à base d'oxyde ou de sulfate de cuivre combinés au metalaxyl, de la classe des phénylamides (McGregor, 1984). Le fongicide le plus couramment employé est le Ridomil Gold Plus 66 WP (metalaxyl + oxyde de cuivre, 3.33 $g.l^{-1}$). Un respect scrupuleux des calendriers de traitement (toutes les 3 semaines) rend cette méthode très efficace. Des pertes de l'ordre de 2 à 3% ont ainsi été observées dans des essais de traitement en champ. Ce résultat reste cependant difficile à atteindre dans les plantations paysannes et des pertes sévères sont encore observées en condition de forte pluviosité (Deberdt *et al.*, 2008); (Ndoumbe-Nkeng et al., 2004). En effet, des pluies abondantes entrainent le lessivage du cuivre contenu dans les fongicides et les rendent moins efficaces, bien que la fraction metalaxyl soit systémique. Par ailleurs, le coût élevé de ce produit le rend peu accessible aux petits producteurs, tandis qu'une application inadéquate en limite l'efficacité. Il est cependant à noter que contrairement à certains autres *Phytophthora* tel *P. infestans*, *P. megakarya* n'a pas encore développé de résistance au metalaxyl et ce produit offre encore de belles perspectives dans le cadre d'une stratégie de lutte intégrée.

b. Résistance variétale

Sur le long terme, de grands espoirs sont placés dans la sélection et la multiplication de variétés de cacaoyer résistantes à la pourriture brune (Nyasse et al., 2007) ; (Pokou et al., 2008). La principale difficulté est qu'aucune résistance complète à *P. megakarya* n'a été identifiée à ce jour chez le cacaoyer, d'où l'intérêt de chercher l'hôte natif potentiel de cet agent pathogène.

c. La lutte culturale

Cette méthode repose sur des pratiques culturales appropriées pour réduire la pression de l'inoculum en champ. Il s'agit notamment de la gestion de l'ombrage pour une meilleure aération des parcelles, de la taille régulière des arbres, du drainage du sol, de la récolte sanitaire qui consiste en l'élimination systématique des cabosses infectées... Cette dernière peut se faire pendant la campagne ou en intercampagne (récolte et destruction des cabosses momifiées). Ces pratiques sont peu coûteuses, mais leur efficacité en champ reste limitée en condition de forte humidité. Une récolte sanitaire hebdomadaire a ainsi permis de réduire l'incidence de la maladie de 10 à 30% dans une étude menée par (Ndoumbe-Nkeng et al., 2004). L'association de différentes pratiques culturales donne cependant des résultats encourageants (Tondje *et al.*, 1993), et cette méthode de lutte devrait être associée à d'autres stratégies pour un contrôle optimal de la maladie en champ.

d. Autres méthodes de lutte

Parmi les autres pistes explorées à ce jour, l'utilisation d'antagonistes microbiens dans des essais de lutte biologique, bien que prometteuse, n'offre qu'un contrôle limité en champ (Deberdt *et al.*, 2008). Par ailleurs, l'injection dans le tronc des cacaoyers de phosphonate de potassium, qui a donné des résultats encourageants sur *P. palmivora* en Papouasie-Nouvelle-Guinée (Guest *et al.*, 1994), a été testée avec un succès mitigé sur *P. megakarya* en Afrique de l'Ouest (Opoku *et al.*, 2007).

e. Lutte intégrée

Le contrôle actif de la maladie en champ nécessite que soient combinées différentes stratégies de lutte (chimique, génétique, sanitaire et biologique) dans une approche intégrée (Acebo-Guerrero *et al.*, 2011). Ainsi, la récolte sanitaire peut être associée aux traitements fongicides afin de réduire la quantité d'inoculum secondaire et freiner le développement de la maladie pendant la petite saison sèche intercalée dans la campagne de production (Ndoumbe-Nkeng et al., 2004). L'usage de variétés résistantes peut aussi être associé à une utilisation de faibles doses de fongicides.

Il semble évident qu'il faudrait à la fois aller vers une stratégie de lutte intégrée et aussi améliorer les connaissances épidémiologiques pour améliorer les méthodes de lutte existantes. Toute bonne stratégie devrait tenir compte de l'épidémiologie de *P. megakarya* et des systèmes de culture. La gestion de l'épidémie doit donc être abordée sous différents angles.

2. Connaissances épidémiologiques

La pourriture brune est une maladie polycyclique (Erwin and Ribeiro, 1996). Le cacaoyer est une culture pérenne persistante des régions tropicales dont la période de production est suffisamment étalée sur l'année. Il offre de ce fait à l'agent pathogène des conditions de survie sans rupture réelle de son cycle de vie (Acebo-Guerrero *et al.*, 2011). Nous avons vu au chapitre précédent que lorsque les conditions d'humidité sont suffisantes et en présence d'eau libre, il y a formation de sporocystes et production de zoospores qui sont les principaux organes infectieux de *P. megakarya* (les *Phytophthora* en général, et *P. megakarya* en particulier, ont une grande capacité de production de zoospores). Une forte humidité nocturne et la condensation qui s'en suit sont donc favorables à la sporulation et au développement de la maladie. L'ombrage a souvent été cité comme un facteur déterminant pour la production et surtout la sévérité de la pourriture brune des cabosses du cacaoyer. En effet, un ombrage bien réglé (léger) abaisserait l'humidité au sein de la plantation et réduirait ainsi l'incidence de la pourriture brune, tout en favorisant la floraison et la nouaison des fruits.

a. Symptômes de la maladie

La cabosse est la principale cible des attaques de *P. megakarya* (Evans and Prior, 1987). Elle peut être attaquée à tous les stades de développement, principalement au niveau de son extrémité apicale ou du pédoncule (figure 28). La maladie commence avec l'apparition de petites taches translucides près de deux jours après l'infection. La tâche prend ensuite une couleur brun sombre, se répand rapidement et de façon irrégulière, puis elle couvre entièrement la cabosse (Acebo-Guerrero *et al.*, 2011). Dans un délai de 3 à 5 jours après le début de l'infection, la cabosse se couvre d'un duvet blanchâtre constitué de sporocystes qui vont produire et libérer des zoospores. L'agent pathogène se développe d'abord en surface, puis évolue à l'intérieur des fruits. Le fruit infecté reste ferme, mais les fèves obtenues sont impropres à la consommation. Il est cependant à noter que les dégâts sont moins importants sur des cabosses matures. A la fin du processus, la cabosse prend une teinte noire et se momifie.

Figure 28. Cabosses infectées en champ.
Le revêtement blanchâtre est constitué de sporocystes.

b. Sources d'inoculum

Le sol semble constituer l'une des sources d'inoculum chez *P. megakarya*. Cet agent pathogène a été rapporté dans le sol des plantations infectées au Nigeria (Gregory and Madison, 1981). Une étude menée par (Abogo Onamena et al., 1995) a également permis d'isoler *P. megakarya* en plongeant des cabosses dans des suspensions de sol prélevé sous des arbres atteints de pourriture brune. L'agent pathogène n'a cependant jamais été isolé dans le sol pendant la saison sèche, en l'absence de pourriture en champ. Par ailleurs, il n'y a pas d'évidence de la survie de *P. megakarya* dans les cabosses momifiées, contrairement à *P. palmivora*. Il est cependant possible que l'agent pathogène y persiste sous forme de chlamydospores. Nous avons vu dans le 1er chapitre que l'agent pathogène a été trouvé à la surface des racines de certains espèces associées aux cacaoyers et appartenant à 4 familles distinctes (Opoku *et al.*, 2002). De telles espèces pourraient de ce fait constituer des sources permanentes d'inoculum dans les cacaoyères. Les cabosses infectées constituent la principale source de contamination en champ. Elles sont présentes sur les arbres pendant une longue période (4 à 5 mois) et entretiennent de ce fait l'épidémie pendant toute la campagne de production (Evans and Prior, 1987). Une seule cabosse infectée par *P. megakarya* peut produire plusieurs millions de sporocystes renfermant des zoospores et une seule zoospore est suffisante pour infecter une autre cabosse. Outre le cycle épidémique principal, l'hypothèse d'un cycle infectieux parallèle faisant intervenir des hôtes alternatifs au niveau de la parcelle est proposée ((Ndoumbè-Nkeng *et al.*, 2004). Mais aucun hôte alternatif de *P. megakarya* n'a clairement été identifié à ce jour.

c. Mécanismes de dispersion de *P. megakarya*

La dispersion de *P. megakarya* se fait essentiellement lors des épisodes pluvieux, soit par les éclaboussures au niveau du sol, soit par contamination de proche en proche à partir des cabosses infectées (Dakwa, 1987) ; (Erwin et al., 1983) ; (Gregory, 1983) ; (Ndoumbe-Nkeng et al., 2004). L'inoculum peut également être transporté par les fourmis qui assurent pour une bonne part la transmission verticale, par d'autres insectes et des rongeurs tels que les rats et les écureuils, (Evans and Prior, 1987) ; (Guest, 2007). La dispersion rapide et sur de longues distances de *P. megakarya* est surtout assurée par l'homme, à travers les récoltes et outils contaminés (Guest, 2007). (Thorold, 1955) a également mis en évidence une dispersion anémophile des zoospores par piégeage au-dessus de cabosses infectées. Cependant, le rôle joué par le vent et les aérosols semble négligeable (Evans, 1973). La majorité des pertes semble liée à la contamination à partir de cabosses malades. D'après (Gregory, 1983), environ 71% des pertes sont attribuées à la contamination à partir de cabosses infectées, 5% à l'infection directe à partir du sol, 6% aux galeries de fourmis, 5% aux insectes et rongeurs, le reste étant de nature indéterminée.

d. Dynamique spatiale et temporelle de la pourriture brune des cabosses

La pourriture brune des cabosses semble développer une dynamique focale liée aux faibles capacités de dissémination de *P. megakarya* dans les parcelles. Après installation de la maladie, des analyses spatio-temporelles ont permis de mettre en évidence dans certaines parcelles une agrégation des arbres portant des fruits malades, indiquant ainsi l'existence des foyers d'infestation dans des parcelles camerounaises (Ndoumbe-Nkeng et al., 2004).

3. Objectifs de l'étude

La dissémination à courte distance de *P. megakarya* a été confirmée, mais la distribution de l'inoculum primaire au sein de la parcelle n'a pas été étudiée. L'ombrage a été proposé comme l'un des facteurs d'initiation et/ou de développement des épidémies mais aucune expérimentation n'a été réalisée pour le vérifier. La contamination du sol semble importante pour la survie en saison sèche et le redémarrage des épidémies (inoculum primaire), mais la présence dans le sol de *P megakarya* n'a pas été clairement démontrée. Dans ce chapitre, nous proposons une étude épidémiologique dans le but de répondre à 2 questions principales : (i) Est-ce que la source d'inoculum primaire est bien le sol ? (ii) Où démarrent les épidémies et comment se propage la maladie au sein d'une parcelle ? Pour répondre à ces questions nous avons cherché à savoir si *P. megakarya* est bien présent dans le sol et si ce sont bien les mêmes génotypes que l'on retrouve ensuite sur fruit. Par ailleurs, nous avons réalisé un suivi spatio-temporel du développement de la maladie sur 4 parcelles pendant deux années pour déterminer l'impact de l'ombrage sur le départ et l'incidence de la maladie en champ, et comment et où survit l'agent pathogène en saison sèche. Pour cela, nous avons mis en place un dispositif expérimental dans 2 zones agroclimatiques contrastées au Cameroun, afin d'y suivre la dynamique spatiale et temporelle de la pourriture brune dans des cacaoyères paysannes.

II. Matériels et méthodes

1. Détection de *P. megakarya* dans le sol

Les expérimentations ont été réalisées pendant la saison sèche, peu avant l'entrée en production des cacaoyers et le début de l'épidémie. Après installation du dispositif expérimental qui sera décrit dans les paragraphes suivants, nous avons choisi de manière aléatoire 50 cacaoyers par parcelle pour le piégeage de *P. megakarya*. Des échantillons mixtes, composés de sol, de racines et de débris végétaux ont ensuite été prélevés autour de ces cacaoyers, tel qu'illustré dans la figure 29.

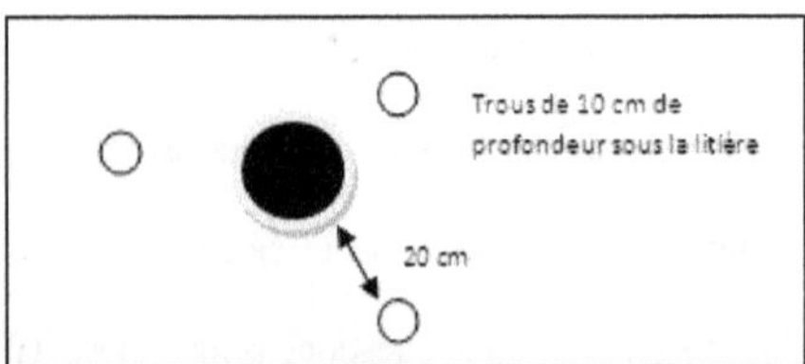

Figure 29. Schéma d'échantillonnage du sol dans les cacaoyères.
Le cercle noir représente la base du cacaoyer, et les 3 cercles illustrent des trous de 10 cm de profondeur creusés autour du cacaoyer pour y prélever du sol.

Dans le but d'isoler *P. megakarya* à partir de ces échantillons de sol, nous avons testé 2 méthodes de piégeage : sur milieu sélectif PARPH, et sur cabosses saines détachées.

Le milieu PARPH contient des inhibiteurs de nombreux champignons et bactéries telluriques (Annexe 2), ce qui permet la croissance des *Phytophthora* à partir d'une solution diluée de sol. Des suspensions de sol (1g de sol dans 10 ml d'H_2O distillée) sont ainsi déposées dans les boites de Pétri, lesquelles ont été rincées après 48h. L'observation des colonies a ensuite permis de détecter la présence ou non des *Phytophthora*, avant le repiquage et la purification des isolats sur le même milieu. La figure 30 présente des boites de Pétri après rinçage. Les colonies de *Phytophthora* ont un aspect plus dense que celles caractéristiques des *Pythium*.

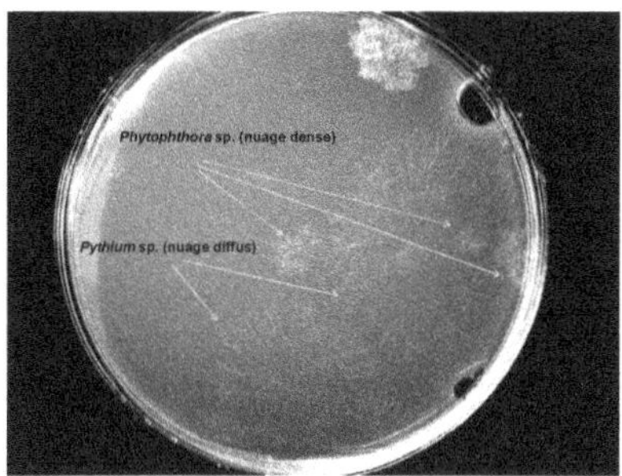

Figure 30. Piégeage des *Phytophthora* en boite de Pétri sur milieu sélectif PARPH.
Les colonies des *Phytophthora* sont plus denses que celles des *Pythium*.

Le piégeage sur cabosses a quant à lui consisté à l'inoculation avec une suspension de sol de cabosses saines préalablement incubées pendant 48h dans des bacs humides. Après avoir fait des entailles dans leur cortex, nous y avons déposé 1g de sol dans 1 ml d'H_2O distillée et couvert de coton stérile. Nous avons ensuite observé les cabosses afin de détecter d'éventuels démarrages d'infections (figure 31). En cas d'infection réussie, l'isolat était purifié sur milieu PARPH avant d'être mis en collection. Seuls les points d'infection centrés autour des entailles étaient retenus.

Figure 31. Piégeage de *P. megakarya* par inoculation des suspensions de sol sur des cabosses saines.
Les cabosses inoculées sont couvertes de coton stérile et déposées dans des bacs humides.
En cas d'infection réussie, la cabosse est retirée du bac pour repiquage.

Parallèlement, nous avons réalisé un échantillonnage sur cabosses dès l'apparition de la maladie dans les parcelles de Ngomedzap, afin de comprendre la relation entre la diversité de *P. megakarya* dans le sol et celle observée sur les cabosses en champ.

2. Sites d'étude

L'étude épidémiologique a été menée dans 2 zones de production cacaoyères de la région du Centre au Cameroun (figure 32). Il s'agit de 2 zones aux conditions agroécologiques contrastées, qui diffèrent notamment par leur végétation, la pluviométrie et le type de sol. Ngomedzap est situé en zone forestière et caractérisé par un régime pluviométrique bimodal aux saisons peu contrastées. Les sols sont profonds, favorisant le maintien d'une humidité relative élevée en champ. Les plantations de Ngomedzap ont une moyenne d'âge de 50 ans et leur ombrage constitué d'essences forestières diverses à canopée fermée est dense. Bokito est situé dans une zone de savane parsemée de galeries forestières. Les saisons sont plus contrastées et la saison sèche peut être intense. Les sols sont sableux et ne retiennent pas l'humidité. Les plantations de Bokito ont moins de 40 ans et leur ombrage, constitué essentiellement de fruitiers et d'essences telles le baobab (*Andasonia* sp) et le colatier (*Cola nitida*), est léger.

Figure 32. Localisation des 2 zones d'étude au Cameroun : Ngomedzap dans la zone forestière (sud) et Bokito dans la zone de savane.

Deux plantations ont été sélectionnées dans chacune des 2 zones : Mebenga et Cosmas en zone de forêt à Ngomedzap, et Bassa et Emessienne en zone de savane à Bokito.

3. Dispositif expérimental

Dans chaque plantation, des parcelles de 200 cacaoyers ont été délimitées autour de foyers identifiés par les planteurs comme point de départ récurrent de la maladie au cours des campagnes successives. Chaque parcelle a été cartographiée par projection orthonormale des coordonnées x et y des cacaoyers et des arbres d'ombrage (figure 33). Un suivi hebdomadaire de l'épidémie a été réalisé sur les 200 arbres pendant 2 campagnes de production successives, en 2007 et 2008. Les données ont été récoltées sur des périodes variant entre 19 et 26 semaines, en fonction des parcelles, zones et années d'étude. Les périodes d'observation s'étalaient de juin à octobre pour les 2 parcelles de Ngomedzap, et de juillet à décembre pour celles de Bokito. Toutes les dates d'observation sont reprises dans l'annexe 7.

Les observations hebdomadaires ont porté essentiellement sur des variables sanitaires, à savoir le nombre de jeunes chérelles « wiltées » (dessèchement physiologique de très jeunes fruits) et le nombre de cabosses pourries et retirées des arbres à chaque passage, ou celles atteintes d'autres maladies. Le nombre total de cabosses saines portées par l'arbre n'a pas été enregistré au cours des observations hebdomadaires, mais le nombre de cabosses mûres saines, lesquelles représentent la production réelle des arbres, était comptabilisé au fur et à mesure qu'elles étaient récoltées. Deux niveaux de l'arbre ont été pris en considération : la partie en dessous de 2 mètres (partie inférieure du tronc), où apparaissent les premières cabosses, et la partie au-dessus de 2 mètres (partie supérieure du tronc et canopée cacaoyère), sur laquelle se développent les dernières cabosses en fin de campagne.

4. Production et incidence de la maladie

La production totale (potentielle) a été calculée en fin de campagne comme étant le nombre total de cabosses portées par l'arbre pendant toute la durée de la campagne de production. Il s'agit de la somme du nombre de cabosses saines récoltées à maturité au cours de la campagne et du nombre de cabosses infectées retirées progressivement des arbres au cours des observations. Les jeunes cabosses « wiltées » n'ont pas été prises en compte du fait de leur élimination prématurée de l'arbre. Cette production a été estimée à la fin de la campagne, au niveau de l'arbre (-2m, +2m, et total), ou de la parcelle (200 arbres). Cette estimation en fin de campagne est réaliste du fait que plus de 90% du pool de cabosses serait déjà présent sur l'arbre au début de l'épidémie, et que les cabosses peuvent être attaquées quel que soit leur stade de développement.

L'incidence de la maladie pour une semaine donnée a été définie comme le ratio entre le nombre cumulé de cabosses infectées jusqu'à la semaine considérée et le nombre total de cabosses à la fin de la campagne (Berry and Cilas, 1994) ; (Madden et al., 1995). L'incidence de la maladie a été déterminée au niveau de l'arbre et de la parcelle. Pour chaque arbre, nous l'avons calculée selon l'équation suivante (Berry and Cilas, 1994) :

$$I_i^k = \frac{\sum_{j=1}^{i} CI_j^k}{\sum_{j=1}^{N}\left[CS_j^k + CI_j^k\right]}$$

I_i^k étant l'incidence de la maladie pour l'arbre k à la semaine i, N le nombre total de semaines d'observations, CI_j^k le nombre de cabosses infectées sur l'arbre k à la semaine j, et CS_j^kle nombre de cabosses saines récoltées à maturité sur l'arbre k à la semaine j.

Au niveau de la parcelle, l'incidence est donnée par :

$$I_i = \frac{\sum_{k=1}^{K}\sum_{j=1}^{i} CI_j^k}{\sum_{k=1}^{K}\sum_{j=1}^{N}\left[CS_j^k + CI_j^k\right]}$$

où K est le nombre d'arbres de la parcelle (K=200).

Pour chaque parcelle, l'indépendance entre l'état des cabosses (saines ou attaquées) et l'année (2007 ou 2008) a été testée par un test de χ^2. Cette procédure équivaut à tester, pour chaque parcelle, l'égalité des incidences entre les deux années.

Le travail a été réalisé sur des valeurs cumulées de production et d'incidence de la maladie. Un pas de temps uniforme de 5 semaines a été fixé pour toutes les analyses faites dans cette étude. Ce choix arbitraire est justifié par la nécessité d'avoir entre 2 périodes de temps un nombre de cabosses pourries suffisant pour les différentes analyses. Cette durée nous a semblé suffisante en zone de savane où l'incidence de la maladie est moindre. Par ailleurs, ce pas de temps permet de lisser les effets des variations inter-parcelle et inter-zone. Les dates retenues dans chaque parcelle pour les calculs sont données dans l'annexe 7

5. Analyse non-spatialisée

Afin de comprendre la dynamique de l'épidémie dans le temps, nous avons suivi la progression de la maladie pour chaque parcelle au cours des deux campagnes d'observations. Pour cela, nous avons représenté l'évolution dans le temps du nombre cumulé et du taux de cabosses pourries. De façon générale, l'allure des courbes de progression de la pourriture brune des cabosses est sigmoïde, caractérisée par une première phase ascendante (augmentation du nombre de cabosses infectées), un plateau, et une nouvelle phase ascendante en fin de campagne. Bien souvent, le plateau correspond à la petite saison sèche intercalaire. Dans notre étude, nous avons tenu compte des 2 niveaux de l'arbre (<2m et >2m), tel que décrit ci-dessus.

6. Distribution spatiale de la maladie

Après avoir déterminé l'allure de la progression non spatialisée de la maladie dans les parcelles, nous nous sommes intéressés à la distribution des zones infectées. En effet, la distribution des cabosses pourries dans la parcelle peut être homogène (arbres infectés régulièrement répartis dans la parcelle), aléatoire (points d'infection indépendants) ou agrégée (présence de foyers d'infection).

Distribution beta-binomiale: La distribution beta-binomiale résulte d'une distribution binomiale où le paramètre p (probabilité de tirer une cabosse pourrie dans un ensemble de cabosses) n'est pas fixe mais suit une loi beta. Si n est la taille de l'ensemble des cabosses supposé constant, l'espérance (comme pour la loi binomiale) est $E(X)=n\pi$ (où π est la probabilité moyenne de tirer une cabosse pourrie). Pour une loi binomiale, on aurait $var(X)=n\pi(1-\pi)$. Pour la loi beta-binomiale, on a $var(X)=n\pi(1-\pi)(1+(n-1)\theta)$ où θ est le paramètre de surdispersion (Madden *et al.*, 1995). Pour θ=0, on retombe sur le cas de la loi binomiale. Lorsque n n'est pas constant, on peut estimer θ par la méthode du maximum de vraisemblance, mise en œuvre dans le cadre d'un modèle linéaire généralisé.

Le niveau d'agrégation de la maladie dans les 4 parcelles a été calculé à la fin de chaque campagne de production. Le paramètre θ a été estimé en ajustant les données du nombre de cabosses pourries à la loi ß-binomiale (R package aod).

7. Effet de l'ombrage sur la production et l'incidence de la maladie

Afin de déterminer l'effet de l'ombrage sur la production et l'incidence de la maladie, nous avons défini le niveau d'ombrage pour chaque cacaoyer, à partir des caractéristiques des arbres d'ombrage présents dans les parcelles. Il s'agissait notamment de leurs coordonnées x et y, de la longueur de leur plus longue branche et du nombre de strates arborées au-dessus de chaque cacaoyer. Ces données nous ont permis d'établir la cartographie de l'ombrage dans les parcelles (figure 33). Ces valeurs restant inchangées tout au long de la campagne de production, nous avons ainsi réalisé des analyses de régression entre l'ombrage et la production d'une part, et l'ombrage et l'incidence de la maladie d'autre part. Nous avons travaillé à l'échelle de l'arbre et celle de la parcelle. Ne disposant pas de données pour la parcelle Bassa à Bokito, nous avons considéré 3 parcelles pour cette partie de notre étude.

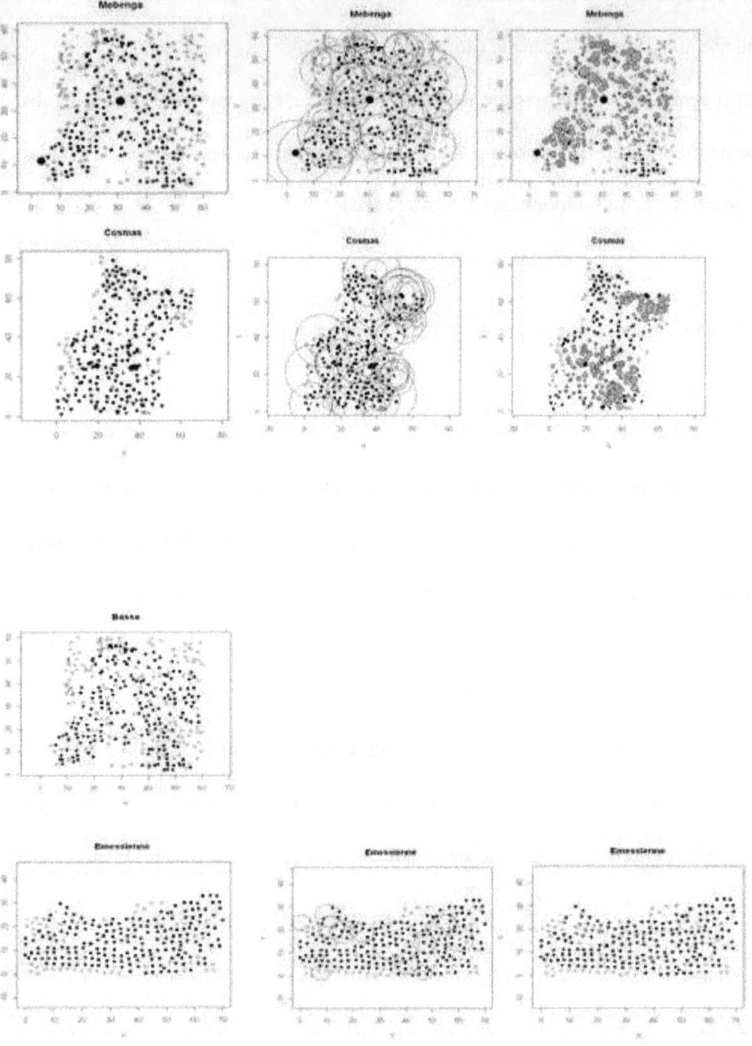

Figure 33. Cartographie des cacaoyers et de l'ombrage dans 4 parcelles.
Les points noirs représentent les cacaoyers observés ; les points blancs sont les cacaoyers non-observés ; les points bleus représentent les arbres d'ombrages et leur diamètre est proportionnel à celui des arbres ; les cercles rouges représentent la circonférence de la plus longue branche de chaque arbre

d'ombrage ; et le cercle gris est le niveau d'ombrage estimé au niveau des cacaoyers par superposition de toutes les strates d'arbres d'ombrage.

8. Analyse spatio-temporelle

Semivariogrammes : Il est admis que l'apparition de la pourriture brune dans les parcelles se fait selon 2 modes distincts : l'apparition spontanée en plusieurs points (de manière apparemment indépendante) sous le contrôle de l'inoculum du sol, et la contamination entre arbres voisins à partir de l'inoculum secondaire (Ndoumbè-Nkeng *et al.* 2004). Pour comprendre la dynamique spatio-temporelle de l'épidémie dans les 4 parcelles, nous avons ajusté des semivariogrammes aux valeurs d'incidence de la maladie au cours des 2 campagnes. Les semivariogrammes mesurent la dépendance spatiale entre des variables quantitatives (Holford *et al.*, 2009). Ils sont caractérisés par différents paramètres : (i) la portée A (en m), qui représente la distance en deçà de laquelle la dépendance spatiale est apparente ; (ii) l'effet de pépite (C_0) qui est la valeur pour laquelle la courbe coupe l'axe y ; et (iii) le seuil qui correspond à l'asymptote du modèle ($C + C_0$). La qualité du semivariogramme est donnée par la somme résiduelle des carrés (RSS), le coefficient de détermination R^2 et le ratio $C/(C+C_0)$. Ce ratio est égal à 0 quand le semivariogramme ne présente pas d'effet de pépite, et à 1 pour des semivariogrammes linéaires. Ces derniers reflètent une absence totale de dépendance spatiale, et donc une distribution aléatoire (indépendante) des points d'infection dans la parcelle. Nous avons utilisé le logiciel Gstat (R package) pour les analyses.

Cartes des parcelles : Une deuxième façon de comprendre la dynamique spatiale et temporelle de la maladie dans les 4 parcelles était de visualiser l'état sanitaire des parcelles tout au long de la campagne de production. Pour cela, nous avons établi sous R (Package GStat) des cartes illustrant la progression de la maladie dans les 4 parcelles. Par ailleurs, la production totale, l'incidence de la maladie et le niveau d'ombrage en fin de campagne ont été mis en parallèle pour chaque parcelle.

III. Résultats

1. Caractérisation des populations de *P. megakarya* issues du sol et des cabosses

a. Isolement de *P. megakarya* à partir du sol

Nos travaux ont mis en évidence la présence effective de *P. megakarya* dans le sol pendant la saison sèche. Parmi les 200 échantillons prélevés dans les cacaoyères à Ngomedzap et Bokito, 27 ont donné lieu à l'isolement d'une ou plusieurs souches de l'agent pathogène. Le taux de succès de notre méthode était donc de l'ordre de 15%. La méthode retenue était celle du piégeage sur cabosses saines. L'utilisation du milieu PARPH n'a quant à elle pas permis d'obtenir des isolats purifiés, du fait de la présence dans les boites de Pétri de nombreuses espèces envahissantes (*Pythium* sp, champignons telluriques et bactéries diverses), malgré la présence d'inhibiteurs dans le milieu.

Au total, 46 souches ont été isolées à partir des 27 échantillons de sol, et 42 d'entre elles ont été mises en collection après purification. Parmi elles, 23 provenaient de Ngomedzap et 19 de Bokito. Des analyses ITS ont permis de confirmer qu'il s'agissait bien de l'espèce *P. megakarya* pour 41 souches. La souche MC31 isolée à Bokito s'est avérée être du *P. boehmeriae*, malgré des symptômes sur cabosses identiques à ceux causés par *P. megakarya*.

b. Diversité génétique comparée des isolats de *P. megakarya* du sol et des cabosses

Onze génotypes multilocus (MLG) ont été identifiés sur l'ensemble des échantillons du sol et des cabosses dans les 4 parcelles (tableau 19). Les résultats montrent que les génotypes les plus fréquents dans les 4 parcelles (sol et cabosses) correspondent bien aux MLG représentatifs des zones géographiques définies dans le chapitre 1 : le MLG 90 dans la zone de Forêt (Ngomedzap) et le MLG 32 dans la zone de Savane (Bokito). Les résultats montrent également une variabilité plus élevée à Bokito (7 MLG) par rapport à celle observée à Ngomedzap (4 MLG). Dans la zone de Ngomedzap, une plus forte diversité génotypique a été trouvée dans le sol et tous les génotypes présents sur cabosses l'étaient déjà dans le sol en intercampagne. A Bokito, la comparaison avec des souches prélevées sur cabosses en 2005 dans la parcelle Bassa confirme la plus forte variabilité dans le sol et le fait que les génotypes présents sur cabosses le sont aussi dans le sol.

Nous avons donc pu démontrer que *P. megakarya* est présent dans le sol. La plus forte diversité génotypique observée dans le sol par rapport aux cabosses malades est en faveur de l'hypothèse d'une infection à partir du sol. En effet, une réduction de la diversité est attendue lors de l'infection par son caractère stochastique et par la sélection potentielle opérée par l'hôte.

Tableau 19. Diversité génotypique de *P. megakarya* sur cabosses et dans le sol dans les 4 parcelles étudiées à Ngomedzap et Bokito ; Groupes génétiques des isolats (définis au chapitre 1).
Le MLG 90 est le plus fréquent dans la zone de Forêt (Ngomedzap) tandis que le MLG 32 l'est en zone de Savane.

	Mebenga		Cosmas	
Nom du MLG	Sol	Cabosses	Sol	Cabosses
11	-	-	1	-
35	-	-	1	-
90	14	14	5	5
92	2	2	1	3

	Bassa	
Nom du MLG	Sol	Cabosses
22	1	-
32	5	12
33	3	-
46	1	2
85	1	-

2. Production totale et incidence de la maladie

Les valeurs de production totale dans les 4 parcelles et les 2 campagnes de production sont présentées dans le tableau 20. La production totale s'est avérée plus élevée pendant la campagne 2007 dans les 4 parcelles. La différence entre les 2 années est plus importante dans la parcelle Bassa en zone de savane.

Les niveaux de pourriture dans les 4 parcelles se sont montrés variables au cours des 2 campagnes de production. Des valeurs allant de 0,15 à 0,81 ont été mesurées pour l'incidence de la maladie (tableau 20). L'incidence globale a diminué de façon significative dans chacune des parcelles entre 2007 et 2008 (classes a et b ; tableau 20), excepté dans la parcelle Mebenga où la différence entre les 2 années n'est pas significative (parcelle Mebenga : χ^2 = 1,75, dl = 1, p-value = 0,186 ; parcelle Cosmas : χ^2= 62,3, dl = 1, p-value = 3.10^{-15}; parcelle Bassa : χ^2= 899, dl = 1, p-value < 2.10^{-16}; et parcelle Emessienne: χ^2= 215, dl = 1, p-value < 2 10^{-16}). Il est à noter que les valeurs extrêmes d'incidence ont été trouvées dans la zone de savane (0,81 dans la parcelle Bassa, et 0,15 dans la parcelle Emessienne), tandis que des valeurs plus homogènes entre sites et plus stables entre années ont été observées en zone de forêt (tableau 20).

Tableau 20. Production et incidence de la pourriture brune dans les 4 parcelles en 2007 et 2008.
Les chiffres a et b représentent les classes pour chacune des parcelles, au cours de 2 campagnes. Une lettre identique indique que la différence entre les 2 années n'est pas significative.

Parcelle	Année	Cabosses pourries			Production totale			Incidence de la maladie
		<2m	>2m	total	<2m	>2m	total	
	2007	1197	1332	2529	1770	4065	5835	0,43a
Mebenga	2008	604	1068	1672	1522	2535	4057	0,41a
	2007	1458	1727	3185	2325	5760	8085	0,39a
Cosmas	2008	942	1131	2073	3068	3743	6811	0,30b
	2007	2123	3630	5753	2452	4672	7124	0,81a
Bassa	2008	687	294	981	2007	1876	3883	0,25b
	2007	608	877	1485	2195	2348	4543	0,33a
Emessienne	2008	229	284	513	1173	2351	3524	0,15b

3. Analyse non-spatialisée

Les courbes de progression de l'épidémie dans les parcelles de la zone de forêt (Ngomedzap) présentent une allure en S, qu'il s'agisse du nombre cumulé de cabosses pourries ou de leur taux (incidence). Elles montrent une évolution en 3 phases : une phase ascendante caractérisée par une forte augmentation du nombre de cabosses pourries ; une phase de ralentissement où le nombre de cabosses pourries varie peu, du fait de conditions climatiques moins favorables au développement de l'agent pathogène (période de sècheresse) ; et une nouvelle phase de reprise de la maladie. La maladie semble toujours commencer par la partie basse de l'arbre (>2m). En effet, la courbe « -2m » pour le nombre cumulé de cabosses pourries est toujours au-dessus de la courbe « +2m » en début d'épidémie. Les 2 courbes se croisent ensuite aux semaines 5 et 15 respectivement pour les parcelles Mebenga et Cosmas, ou plus tardivement en 2008, aux semaines 21 et 20 respectivement pour les 2 parcelles. Par ailleurs, l'incidence de la maladie est toujours plus importante dans la partie basse de l'arbre (>2m). La courbe « -2m » est ainsi toujours au-dessus de la courbe « +2m » dans les 2 parcelles. Ce phénomène est encore plus accentué en 2007.

Dans la zone de savane (Bokito) par contre, l'on observe un décalage du cycle épidémique, du fait d'un démarrage tardif de l'épidémie par rapport au début de la campagne cacaoyère. Ainsi, les premières cabosses pourries apparaissent entre la semaine 6 et la semaine 15 en fonction de la parcelle et de l'année. Ainsi, la phase de plateau est peu apparente dans les 2 parcelles. La maladie semble explosive dans la parcelle Bassa en 2007. L'on note en effet une progression constante du nombre de cabosses pourries à partir de la semaine 7, et cette augmentation s'accentue à partir de la semaine 11, jusqu'à la fin de la campagne, où elle atteint une valeur de 5753, laquelle représente 45 à 75% des valeurs observées dans les autres parcelles pendant la même campagne. Il en est de même pour le taux de maladie (0,81) qui est très élevé pour une zone de savane. Les figures 34 et 35 montrent la progression du nombre et du taux de cabosses pourries aux 2 niveaux de l'arbre et sur l'arbre entier au cours des 2 campagnes de production 2007 et 2008.

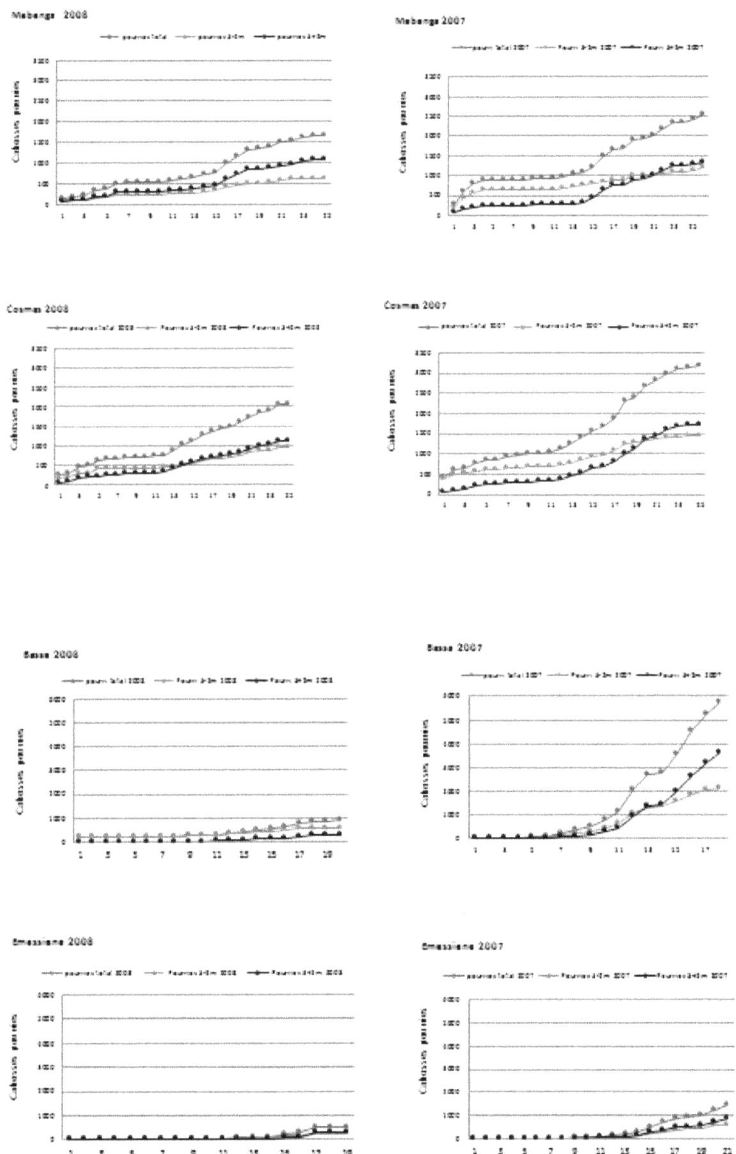

Figure 34. Progression du nombre cumulé de cabosses pourries dans les 4 parcelles de Ngomedzap et Bokito en 2007 et 2008.

a. Parcelles de Ngomedzap dans la zone forestière.

b. Parcelles de Bokito dans la zone de savane.

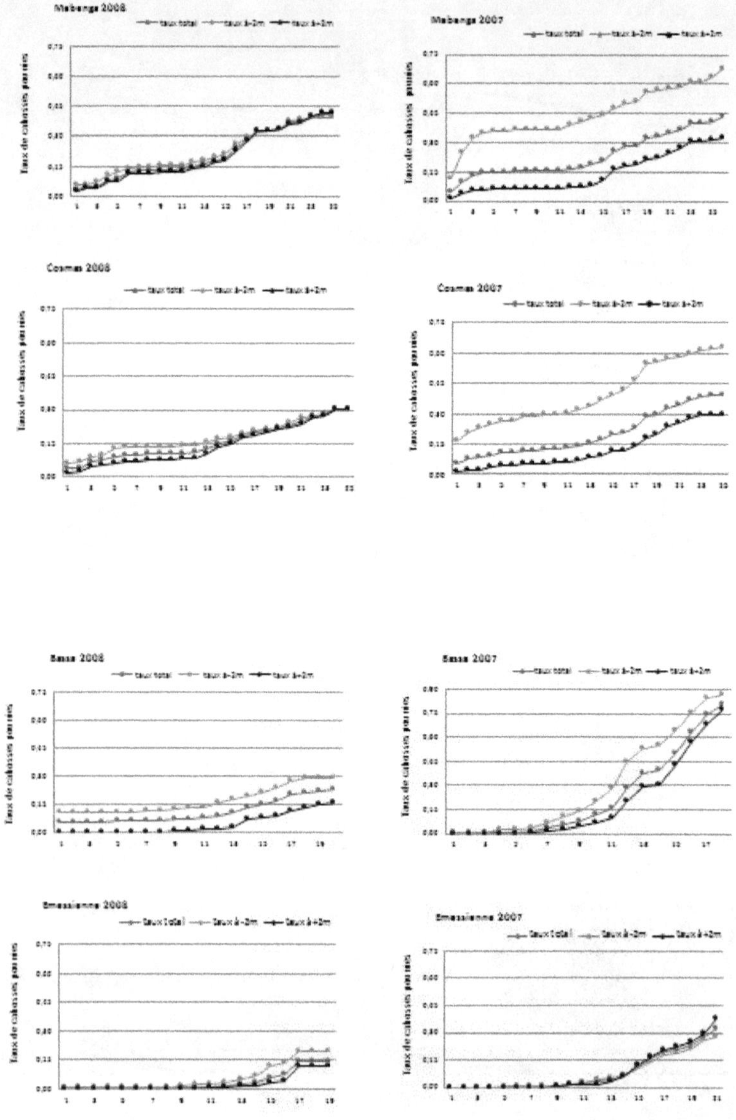

Figure 35. Progression de l'incidence de la maladie (taux de pourriture) dans les 4 parcelles de Ngomedzap et Bokito en 2007 et 2008.

4. Distribution spatiale de la maladie

Les analyses montrent une agrégation de la maladie en fin de campagne dans toutes les parcelles étudiées. L'ajustement du nombre de cabosses pourries à la distribution ß-binomiale a donné des valeurs de θ significativement différentes de 0 (entre 0,132 et 0,368) dans les 4 parcelles et pour les campagnes 2007 et 2008. Ce résultat met en évidence une tendance à la surdispersion des cabosses pourries dans les parcelles (tableau 21).

Tableau 21. Paramètre de l'analyse ß-binomiale de l'incidence de la maladie dans les 4 parcelles au cours des campagnes 2007 et 2008.

	Mebenga		Cosmas		Bassa		Emessienne	
	2007	2008	2007	2008	2007	2008	2007	2008
Incidence	0,43	0,41	0,39	0,30	0,81	0,25	0,33	0,15
Paramètre θ	0,132	0,194	0,233	0,368	0,261	0,202	0,232	0,22
Probabilité	7,6E-12	9,0E-14	0	0	7,5E-13	5,2E-10	1,7E-12	8,7E-08

La question que nous nous sommes alors posée était celle de savoir pourquoi les arbres malades s'agrégeaient en fin de campagne, et quelle était la dynamique de cette agrégation. Pour cela, nous avons cherché à identifier les facteurs intervenant dans ce processus. L'hypothèse souvent avancée est que l'ombrage favoriserait un taux d'humidité relative plus élevée, laquelle correspond mieux aux exigences biologiques de *P. megakarya*. Nous avons donc voulu tester cette hypothèse dans les 4 parcelles.

5. Effet de l'ombrage sur la production et l'incidence de la maladie

La figure 36 donne la distribution des niveaux d'ombrage au sein de 3 parcelles. Le niveau d'ombrage en zone de forêt (parcelles Mebenga et Cosmas à Ngomedzap) suit une distribution normale tandis qu'en zone de savane (parcelle Bassa à Bokito), il suit plutôt une distribution de poisson.

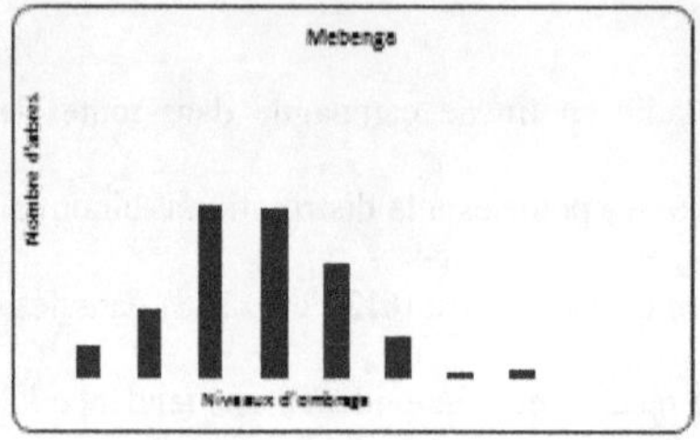

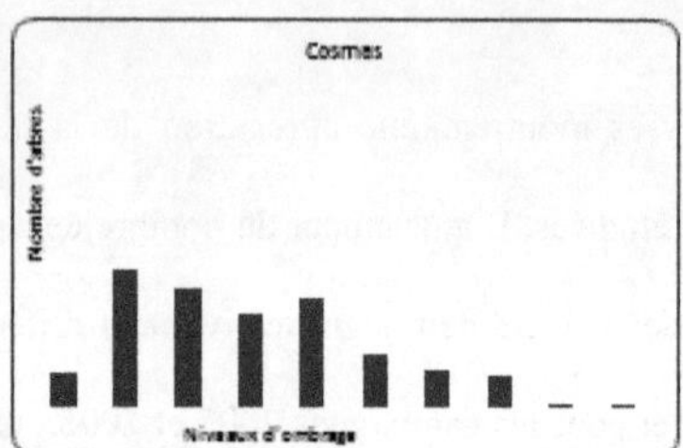

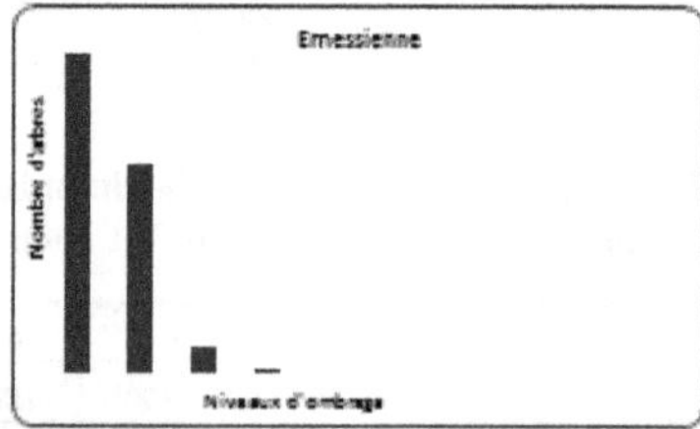

Figure 36. Distribution des niveaux d'ombrage dans les 2 parcelles de Ngomedzap (zone forestière) et une parcelle de Bokito (zone de savane).

L'analyse de régression entre le niveau d'ombrage et la production totale en fin de campagne, au niveau de chaque arbre, n'a pas permis de mettre en évidence une corrélation entre ces 2 facteurs. Nous avons en effet obtenu de très faibles valeurs de coefficient de détermination R^2, comme le montre le tableau 22 pour les parcelles de Ngomedzap.

Tableau 22. Paramètres de la régression linéaire entre l'ombrage et la production dans les parcelles de Ngomedzap (zone forestière) au cours des 2 campagnes de production (2007 et 2008).

		dl	Pente	R^2	test F	P>F
Mebenga	2007	198	0,487	0,0068	1,367	0,24
	2008	198	0,101	0,0016	0,320	0,57
Cosmas	2007	198	0,319	0,0082	1,637	0,20
	2008	198	0,388	0,0101	2,018	0,16

Quant aux ajustements linéaires entre le niveau d'ombrage et l'incidence de la maladie sur le pas de temps de 5 semaines considéré dans notre étude, seuls 16 résultats ont été trouvés significatifs sur un total de 95 tests. Ce nombre, 3 fois supérieur à celui des faux positifs attendus au risque 5%, pourrait laisser supposer qu'il existe une corrélation entre les 2 facteurs. Mais, d'une manière générale, les très faibles valeurs de coefficient de détermination (R^2) et les valeurs quasi nulles de la pente des régressions permettent de conclure qu'il n'y a pas de corrélation entre incidence de la maladie dans les parcelles et niveau d'ombrage.

Le tableau 23 présente, pour les 2 campagnes de production, les paramètres d'ajustement linéaire dans les 4 parcelles en début d'épidémie (semaine 1) et à la semaine 15, alors que la maladie était déjà bien installée dans les parcelles.

Tableau 23. Paramètres d'ajustement linéaire entre le niveau d'ombrage et l'incidence de la maladie dans les parcelles de Ngomedzap (zone forestière) aux semaines 1 et 15.

		2007					2008				
		Dl	Pente	R^2	test F	P>F	dl	Pente	R^2	test F	P>F
Mebenga	Sem1	57	-0,005	0,00	0,259	0,61	45	0,000	0,00	0,000	1,00
	Sem15	152	-0,004	0,00	0,190	0,66	145	0,029	0,04	6,657	0,02
Cosmas	Sem1	88	-0,003	0,00	0,189	0,67	42	0,006	0,01	0,539	0,47
	Sem15	153	0,018	0,03	4,431	0,04	111	0,025	0,03	3,740	0,06

A titre d'illustration, les ajustements linéaires aux semaines 1 et 15 sont présentés ci-dessous pour la parcelle Mebenga en 2007 (figure 37).

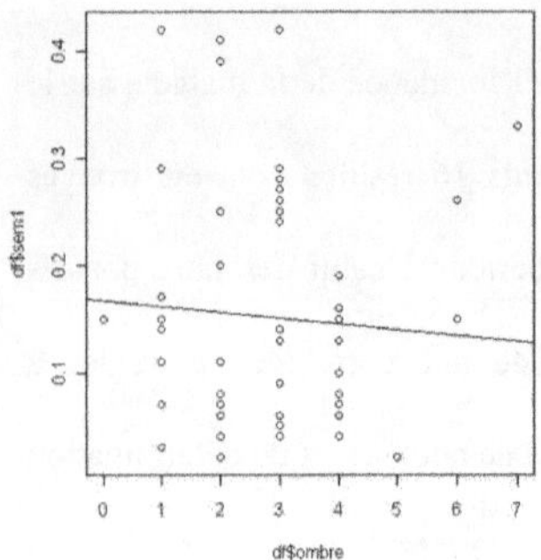

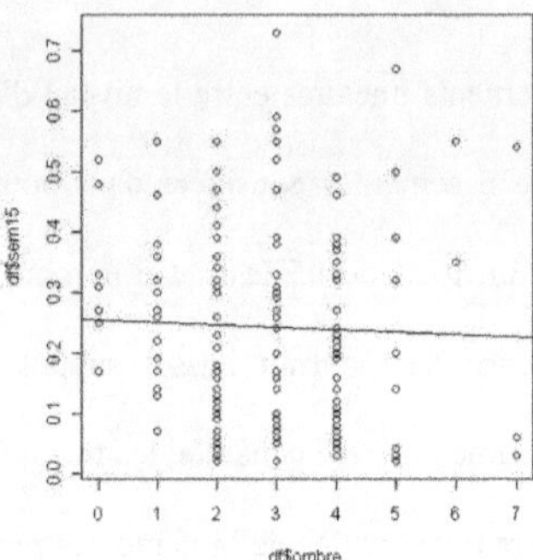

Figure 37. Ajustement linéaire entre le niveau d'ombrage et l'incidence de la maladie aux semaines 1 et 15 dans la parcelle Mebenga en 2007.

Les résultats obtenus en prenant en compte les 2 hauteurs de l'arbre (<2m ou >2m) ne mettent en évidence aucune influence du niveau de l'arbre sur la relation entre l'ombrage et l'incidence de la maladie. L'annexe 8 présente les paramètres des ajustements linéaires entre ces facteurs pour la parcelle Mebenga en 2007.

Ainsi, à partir de notre définition du niveau d'ombrage, nous n'avons pas pu montrer que ce facteur influence la production ou l'incidence de la maladie dans les parcelles étudiées. Dans la suite de notre étude, nous avons voulu comprendre le processus d'agrégation des zones infectées. Nous nous sommes donc intéressés aux points de départ de la maladie dans les 4 parcelles, puis nous avons suivi la progression spatiale et temporelle de l'épidémie.

6. Analyse spatio-temporelle

L'analyse des semivariogrammes sur un pas de temps de 5 semaines tout au long de la campagne a mis en évidence une dépendance spatiale des arbres infectés dans les parcelles de Ngomedzap en zone forestière. Le tableau 24 décrit les paramètres du modèle Exponentiel retenu pour toute la série d'analyses. A(m) représente la portée du modèle, mais la portée réelle (A), qui décrit la distance de contamination d'un arbre à partir d'un autre arbre infecté, a été estimée à partir des valeurs du seuil (C_o+C). En effet, la distance maximale de contamination correspond au point d'inflexion de la courbe (semivariogramme) et donc à la valeur de x pour y = C_o+C. Nous avons choisi la campagne 2007 pour estimer la portée dans les parcelles de Ngomedzap: elle est comprise entre 6 et 12m, avec un mode de 7,5m dans la parcelle Mebenga, et entre 10 et 15m dans la parcelle Cosmas, avec un mode de 12. Les semivariogrammes dans la zone de Bokito sont quant à eux souvent linéaires, ce qui suggère une distribution aléatoire (indépendante) des points d'infection dans les 2 parcelles. La figure 38 présente les semivariogrammes isotopiques ajustés aux valeurs de l'incidence de la maladie dans les 2 parcelles de Ngomedzap en 2007.

Tableau 24. Paramètres descriptifs des semivariogrammes et statistiques d'ajustement du modèle obtenu pour l'incidence de la maladie par arbre sur un pas de temps de 5 semaines en 2007 et 2008.

a. Parcelle Mebenga

Date	Semaine	Modèle	A(m)	(C_o+C)	C/(C_o+C)
2007					
5 juin	1	Exponentiel	1,9	0,0107	0,002
3 juillet	5	Exponentiel	1,4	0,0200	0,000
7 août	10	Exponentiel	1,4	0,0200	0,000
11 septembre	15	Exponentiel	1,6	0,0277	0,000
18 octobre	20	Exponentiel	1,9	0,0462	0,000
27 novembre	25	Exponentiel	3,5	0,0338	0,024
2008					
10 juin	1	Nugget	-	-	-
8 juillet	5	Nugget	-	-	-
12 août	10	Nugget	-	-	-
16 septembre	15	Exponentiel	0,5	0,0385	0,000
21 octobre	20	Exponentiel	1,4	0,0651	0,000
25 novembre	25	Exponentiel	1,6	0,0637	0,000

b. Parcelle Cosmas

Date	Semaine	Modèle	A(m)	(C_o+C)	$C/(C_o+C)$
2007					
4 juin	1	Exponentiel	2,3	0,0160	0,000
2 juillet	5	Exponentiel	3,1	0,0249	0,000
6 août	10	Exponentiel	2,6	0,0238	0,000
10 septembre	15	Exponentiel	6,1	0,0229	0,026
17 octobre	20	Exponentiel	5,4	0,0514	0,014
26 novembre	25	Exponentiel	16	0,0539	0,034
2008					
9 juin	1	Exponentiel	1,5	0,0118	0,000
7 juillet	5	Exponentiel	4,4	0,0325	0,000
11 août	10	Exponentiel	4,9	0,0411	0,000
15 septembre	15	Exponentiel	5,6	0,0751	0,001
20 octobre	20	Exponentiel	10,7	0,1050	0,006
24 novembre	25	Exponentiel	11,4	0,0970	0,021

c. Parcelle Bassa

Date	Semaine	Modèle	A(m)	(C_o+C)	$C/(C_o+C)$
2007					
11 août	1	Nugget	-	-	-
3 septembre	5	Nugget	-	-	-
8 octobre	10	Nugget	-	-	-
13 novembre	15	Exponentiel	8,6	0,0376	0,048
7 decembre	20	Exponentiel	-	-	-
2008					
15 juillet	1	Nugget	-	-	-
13 août	5	Nugget	-	-	-
15 septembre	10	Nugget	-	-	-
21 octobre	15	Exponentiel	12,1	0,0080	0,044
26 novembre	20	Exponentiel	1,1	0,0689	0,000

d. Parcelle Emessienne

Date	Semaine	Modèle	A(m)	(C_o+C)	$C/(C_o+C)$
2007					
19 juillet	1	Nugget	-	-	-
16 août	5	Nugget	-	-	-
21 septembre	10	Nugget	-	-	-
26 octobre	15	Exponentiel	12,1	0,0080	0,044
6 decembre	20	Exponentiel	-	-	-
2008					
14 juillet	1	Nugget	-	-	-
12 août	5	Nugget	-	-	-
17 septembre	10	Nugget	-	-	-
23 octobre	15	Nugget	-	-	-
25 novembre	19	Nugget	-	-	-

a. Parcelle Mebenga

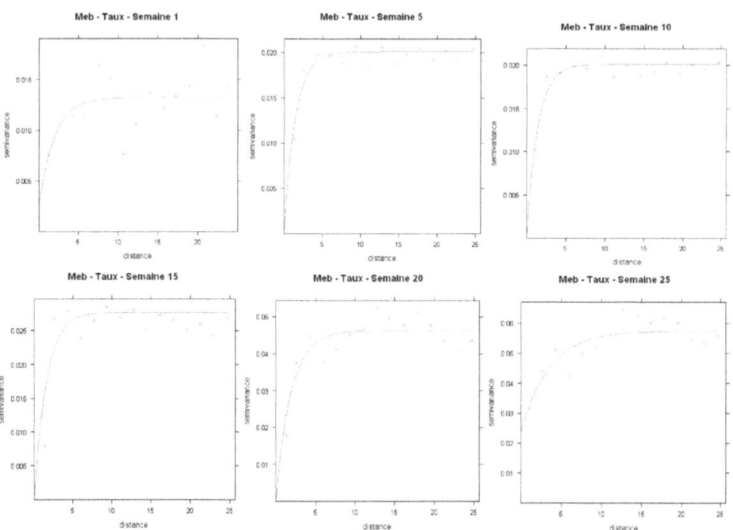

b. Parcelle Cosmas

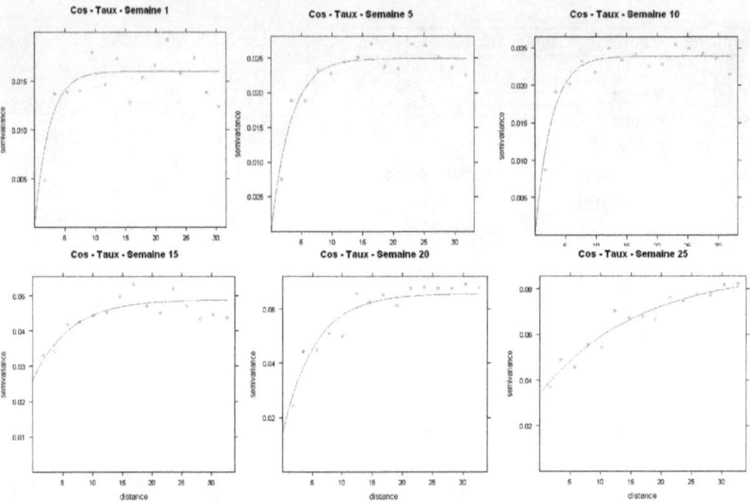

Figure 38. Semivariogrammes ajustés aux valeurs de sévérité de la maladie dans les 2 parcelles de Ngomedzap en 2007.

Cartes des parcelles au cours de la campagne 2007

Les cartes établies toutes les 5 semaines montrent un démarrage diffus de la maladie, avec de nombreux points de départ de la maladie répartis sur l'ensemble ou des zones spécifiques de la parcelle. Il apparait ensuite une agrégation progressive des zones infectées dans les parcelles. L'observation de ces agrégats montre que leur localisation est superposable pour les 2 campagnes, ce qui suggère l'existence de foyers d'infection dans les parcelles, tel que décrit par les planteurs. La figure 39 illustre ce phénomène dans les 4 parcelles au cours des 2 campagnes, à partir de la semaine 5 jusqu'à la fin des observations, sur un pas de temps de 5 semaines.

a. Parcelles de Ngomedzap (Mebenga et Cosmas)

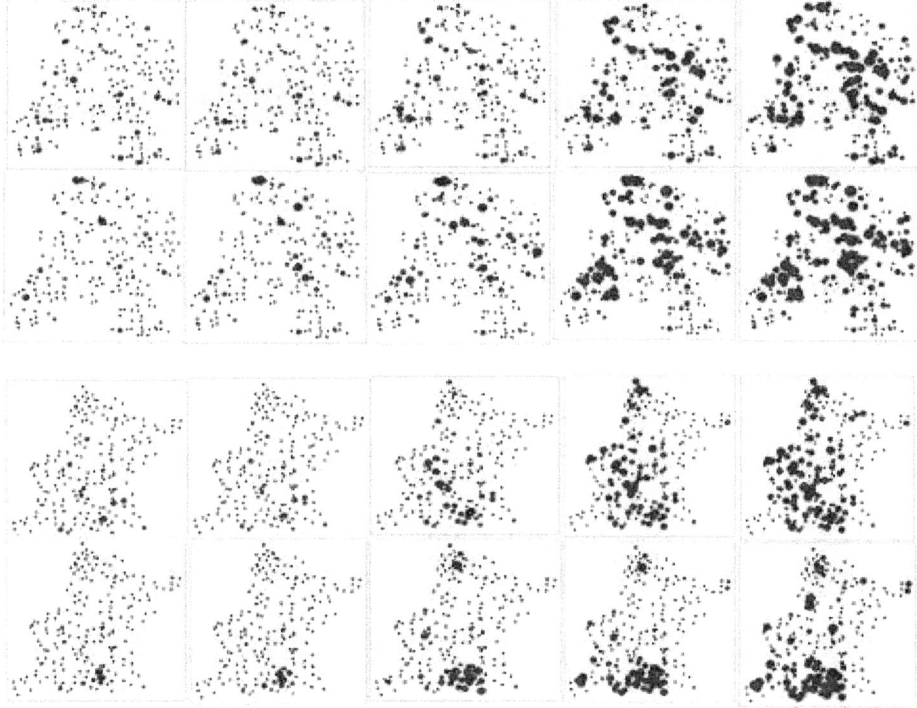

b. Parcelles de Bokito (Bassa et Emessienne).

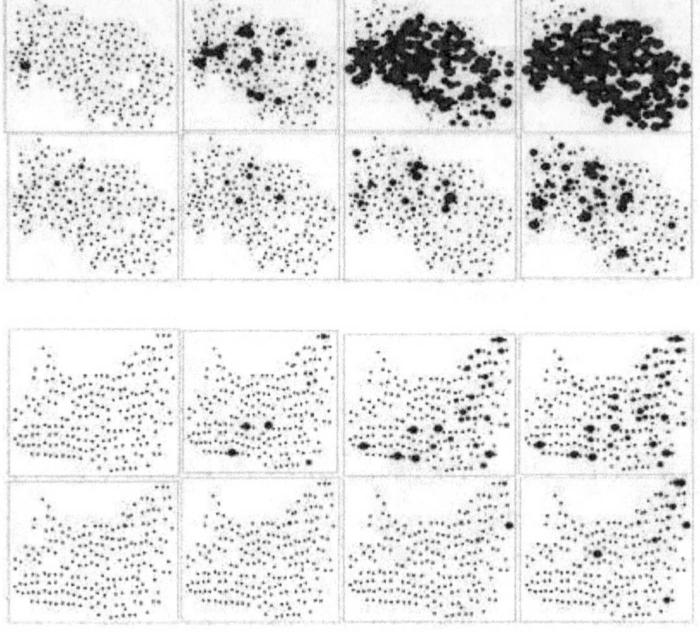

Figure 39. Cartes de sévérité de la maladie dans les parcelles au cours des campagnes 2007 et 2008.
Les points noirs représentent les cacaoyers, et les points rouges la sévérité de la maladie.
La première carte de chaque série représente la semaine 5. Les cartes suivantes sont réalisées toutes les 5 semaines, jusqu'à la fin de la campagne.
Pour chaque parcelle, la campagne 2008 est en dessous de la campagne 2007.

La figure 40 permet de visualiser l'état des parcelles à la fin des 2 campagnes de production. Cette figure reprend le niveau d'ombrage (en gris), l'incidence de la maladie (en rouge) et la production totale de cabosses (en vert) à la fin des 2 campagnes de production étudiées. Elle montre que les zones de maximum de production, les zones les plus infectées et les zones les plus ombragées ne se superposent pas, confirmant ainsi qu'elles ne sont pas nécessairement corrélées.

a. Parcelle Mebenga en 2007 et 2008.

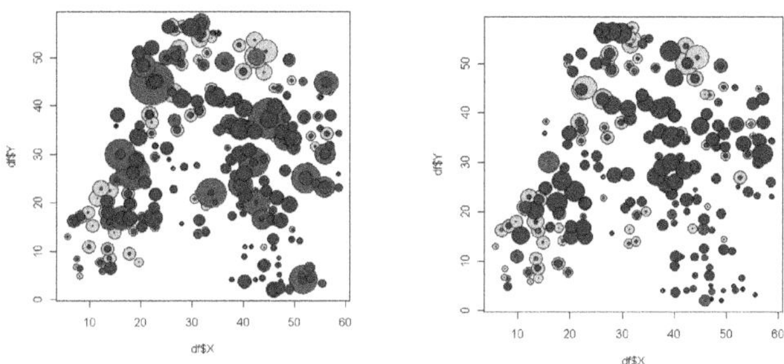

b. Parcelle Cosmas en 2007 et 2008.

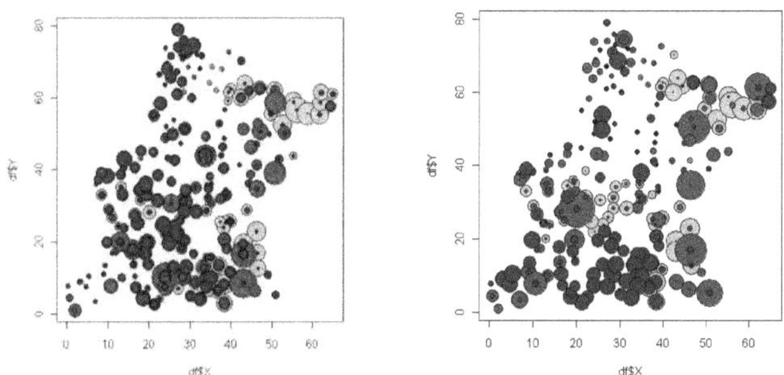

c. Parcelle Emessienne (Bokito) en 2007 et 2008.

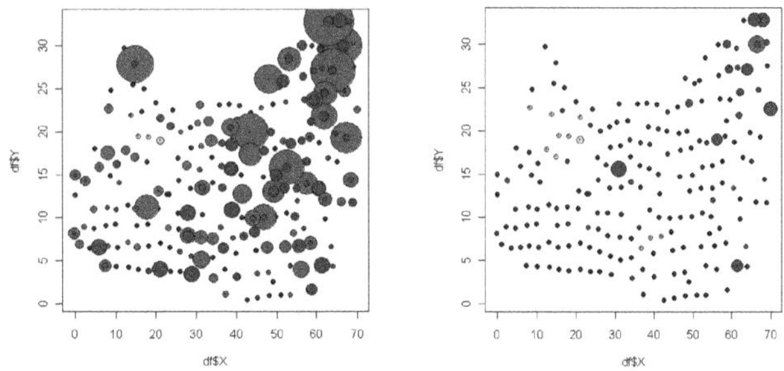

Figure 40. Etat des parcelles Mebenga, Cosmas (Ngomedzap) et Emessienne (Bokito) à la fin des campagnes 2007 et 2008.
Les points noirs représentent les cacaoyers. En gris: le niveau d'ombrage, en vert, la production totale; en rouge: le taux de pourriture.
A gauche: campagne 2007. A droite: campagne 2008.

IV. Discussions et perspectives

La première question que nous nous sommes posée dans ce chapitre était celle de savoir si le sol est bien la source d'inoculum primaire de *P. megakarya*. Notre étude a permis de mettre au point une méthode inédite de piégeage de *P. megakarya* à partir d'échantillons de sol prélevés pendant la saison sèche. Nous avons ainsi pu démontrer que *P. megakarya* reste présent dans le sol pendant toute l'intercampagne. La comparaison des isolats du sol et de ceux prélevés sur les cabosses infectées au début de l'épidémie a montré que tous les génotypes présents sur cabosses l'étaient aussi dans le sol. La plus forte diversité génétique dans le sol par rapport aux cabosses malades est en faveur de l'hypothèse d'une infection à partir du sol. En effet, une réduction de la diversité est attendue lors de l'infection par son caractère stochastique et par la sélection potentielle opérée par l'hôte. Le sol semble donc bien être la source d'inoculum primaire de *P. megakarya* en champ.

Le taux de succès de la méthode de piégeage de *P. megakarya* mise au point dans cette étude était de l'ordre de 15%. Ce résultat encourageant pourrait être amélioré par des conditions expérimentales mieux contrôlées et un choix judicieux des cabosses-pièges. L'utilisation du milieu sélectif PARPH, qui a donné des résultats encourageants pour le piégeage de *Phytophthora nicotianae* dans le sol prélevé en serre (USA), semble moins adaptée pour le piégeage à partir de sols provenant des plantations paysannes. Cette méthode reste donc à affiner, et une élimination préliminaire des *Pythium* et de certains champignons telluriques envahissants constituerait une piste.

Le suivi épidémiologique de 4 parcelles en zone forestière et de savane ne nous a pas permis de mettre en évidence de corrélation linéaire entre la production totale et le niveau d'ombrage dans les parcelles. En effet, les très faibles valeurs de coefficient de détermination (R^2) dans les analyses de régression entre le niveau d'ombrage et la production totale en fin de campagne suggèrent que la régression n'explique qu'une très faible proportion de la variabilité observée dans les parcelles. Il est donc probable que le niveau d'ombrage, tel que nous l'avons défini, n'a pas d'influence directe sur la production en champ. Par ailleurs, il ne semble pas y avoir de corrélation entre le niveau d'ombrage et l'incidence de la maladie, tant au niveau de l'arbre qu'au niveau de la parcelle. Quel que soit le niveau de l'arbre pris en compte (en dessous ou au-dessus de 2m), l'ombrage ne semble pas jouer un rôle direct sur l'apparition des premières cabosses pourries, ni sur l'incidence globale de la maladie. Bien que ce résultat ne permette pas de conclure de façon générale, il tendrait cependant à lever certaines ambigüités existant sur l'impact réel de l'ombrage en champ. Ceci pourrait aider les choix d'association dans les zones d'installation des nouvelles cacaoyères, où l'accent pourrait être mis, non pas sur l'intensité de l'ombrage à apporter, mais sur la valeur ajoutée des espèces associées. Ce résultat et les conclusions qui en découlent restent cependant à affiner, par une meilleure définition du niveau d'ombrage, qui tienne compte de la hauteur des arbres d'ombrage, du nombre de strates d'arbres, de la densité de leur feuillage et de la densité de la canopée cacaoyère.

L'analyse de la distribution spatiale de la maladie tout au long de la campagne de production a mis en évidence une dépendance spatiale des arbres infectés dans les parcelles de la zone forestière (Ngomedzap), contrairement aux parcelles situées en zone de savane (Bokito). Ainsi, un arbre malade peut contaminer les arbres voisins sur une distance calculée par le modèle. La portée qui est un paramètre décrivant la distance de contamination, était comprise entre 6 et 12 m (mode 7,5m) dans la parcelle Mebenga et 10 et 15m (mode 12m) dans la parcelle Cosmas. Les espacements moyens des cacaoyers étant d'environ 3 x 3m, ces résultats suggèrent que dès le départ de l'épidémie dans les plantations en zone forestière, il faudrait traiter les arbres voisins sur un rayon de 6 à 15m, soit 2 à 5 arbres autour de l'arbre malade. Le suivi visuel de la progression de la maladie montre effectivement qu'après un démarrage diffus de l'épidémie dans les parcelles, les zones infectées se sont progressivement agrégées jusqu'à la fin de la campagne. Ces zones sont par ailleurs superposables pour les 2 campagnes. Ce résultat corrobore les observations des planteurs, et l'hypothèse de l'existence de foyers d'infection au sein des plantations se trouvent ainsi confortée. Il s'agit des zones où la maladie est récurrente au fil des campagnes successives. Les cartes montrent par ailleurs que les foyers d'infection ainsi identifiés ne seraient pas les seules zones de départ de l'infection dans les cacaoyères. En effet, le déclenchement de la maladie semble se faire au hasard, du fait de la reprise d'activité des *P. megakarya* dans le sol lorsque les conditions deviennent favorables. Les points de départ de la maladie sont alors plus ou moins dispersés dans la parcelle. Par contre, les foyers d'infection seraient plutôt des zones de forte pression de la maladie au cours des campagnes successives, et qui influencent le niveau général de pertes à l'échelle de la plantation. Ils méritent donc que l'on s'y intéresse de façon particulière, en identifiant leurs caractéristiques agro-écologiques propices à l'explosion de la maladie.

Conclusion générale de la thèse et perspectives

La culture du cacao s'est rapidement répandue en Afrique, du fait probablement de l'absence des principaux agents pathogènes qui attaquent cette culture dans son aire native. L'émergence de *P. megakarya* et son expansion à l'échelle régionale constituent cependant un important facteur limitant pour la production cacaoyère en Afrique.

Mode de reproduction

La question préliminaire que nous nous sommes posée était celle de savoir comment se reproduit *P. megakarya* sur cacaoyer. Cette étude a mis en évidence un mode de reproduction clonal. Bien que des évènements de recombinaison aient été suspectés dans la zone de bordure entre la partie Ouest du Cameroun et le Nigéria dans une étude antérieure, aucune preuve de recombinaison n'a été mise en évidence dans la population contemporaine. Cependant, la présence de rares isolats A2 anciens suggère qu'une reproduction sexuée (marginale et cryptique) a pu exister sur cacaoyer il y a une vingtaine d'années, dans les zones Littoral, Forêt, Sud et Ouest (souches Orstom). La disparition du type A2 (et donc de la reproduction sexuée) pourrait être liée à un avantage sélectif des A1 sur cacaoyer. Par ailleurs, la culture du cacaoyer aurait créé des populations d'hôte homogènes et des paysages stables pour l'agent pathogène, ce qui aurait permis une évolution du mode de reproduction vers la clonalité. Les valeurs de diversité génique, de Fis et de fréquence des paires de loci en déséquilibre de liaison dans les groupes génétiques et au sein des zones géographiques confirment ce mode de reproduction de type clonal.

En perspective, des travaux pourraient être menés afin de caractériser et comparer les niveaux d'agressivité de souches A1 et A2 sur cacaoyer. Si le niveau général d'agressivité des souches A2 se montre significativement inférieur à celui des souches A1, cela pourrait expliquer la prévalence des souches A1 *in natura* sur cacaoyer. Si au contraire les niveaux d'agressivité des 2 types sexuels sont équivalents, d'autres paramètres pourront être étudiés pour expliquer cette prépondérance des A1. Ce travail pourra se poursuivre par une étude de génétique de l'agressivité. Ainsi, le niveau d'agressivité des hybrides A1 et A2 des 8 descendances obtenues *in vitro* au laboratoire de Phytopathologie de l'UMR BGPI pourra être comparé.

Centres de diversité et d'origine de *P. megakarya*

L'émergence de *P. megakarya* sur cacaoyer est récente et sa progression en Afrique de l'Ouest suggère que le processus d'expansion est en cours. L'aspect central abordé dans le premier chapitre de cette thèse est celui du centre d'origine de *P. megakarya* sur cacaoyer. Pour cela, nous avons cherché à comprendre la structure de l'échantillon par différentes approches de génétique des populations. Face à une population à l'évidence clonale, nous avons dans un premier temps considéré les zones géographiques. Nous nous sommes ensuite affranchis de la géographie pour définir 5 groupes génétiques : les groupes AC1, AC2 et AC3 présents en Afrique Centrale, le groupe AO présent en Afrique de l'Ouest et le groupe hybride MC présent dans l'Ouest du Cameroun. Toutes les approches ont confirmé que le Cameroun constitue le centre de diversité de *P. megakarya*. En effet, les 5 groupes génétiques ont été trouvés au Cameroun, tandis qu'un seul groupe était recensé dans toute l'Afrique de l'Ouest, et un seul autre groupe au Gabon et à Sao-Tomé.

Les groupes AC1 et AC3 sont faiblement différenciés et sont répartis dans toutes les zones géographiques au Cameroun. Il est probable que ces 2 groupes découlent du groupe AC2, qui comprend en outre les isolats du Gabon et de Sao-Tomé. Ces derniers constituent des groupes clonaux uniques introduits à partir du Cameroun, sous l'effet de l'expansion de la culture ou de facteurs anthropiques. Dans le cas particulier de Sao-Tomé, des cacaoyers sélectionnés ont été introduits depuis le Cameroun à partir de l'année 1958, date de la création d'une station de recherche cacaoyère dans l'île. Le groupe AC2 est par ailleurs le meilleur candidat-parent (avec le groupe AO) pour le groupe hybride MC. Géographiquement, ce groupe hybride est intermédiaire entre l'Afrique de l'Ouest et l'Afrique Centrale. Il est situé principalement dans la zone de Muyuka au pied du Mont Cameroun. Trois souches de ce groupe ont été isolées à Eseka dans la zone littoral, toutefois leur génotype est identique à celui qui domine à Muyuka (MLG 181). Il proviendrait donc d'une introduction accidentelle dans cette zone à partir de Muyuka. Le groupe MC serait une population récente qui se serait constituée à partir d'un clone issu d'une hybridation entre un ou des individus du groupe AO et un ou des individus du groupe AC. Ce clone serait en pleine expansion dans la zone Ouest où il représente à ce jour la quasi-totalité des isolats au pied du Mont-Cameroun. En perspective, une étude comparative sur le niveau d'agressivité de ces souches MC serait à développer afin de comprendre les raisons de son expansion dans cette zone. Il serait aussi intéressant de réaliser une série de prospections dans cette zone afin de comprendre la dynamique des différents groupes génétiques et de ce groupe MC en particulier dans la zone Ouest.

Pour ce qui est du groupe AO présent en Afrique de l'Ouest, l'hypothèse la plus probable est qu'il serait originaire de l'Ouest du Cameroun, et plus particulièrement de la zone du Mont-Cameroun. Ce groupe aurait ensuite été transféré vers le Nigeria, par host-tracking avec les cacaoyers à partir des plantations allemandes. Cette introduction aurait ainsi servi de tête de pont invasive dans toute l'Afrique de l'Ouest. Il est possible que les souches AO aient progressivement été remplacées dans la zone Ouest par des souches AC, et plus récemment par les hybrides MC, probablement plus agressifs. Une autre hypothèse est celle d'une origine dans la Sud du Cameroun, à Ebolowa plus précisément. Des souches du groupe AO ont en effet été isolées sur des cacaoyers présents dans la collection de clones de la Station de recherche cacaoyère de Nkoemvone et dans une unique cacaoyère paysanne située à 1 kilomètre de cette station. Toutefois, ces souches pourraient provenir de la Station d'Ekona située dans l'Ouest, au pied du Mont-Cameroun. En effet, les 3 souches AO isolées à la Station de Nkoemvone l'ont été sur 3 clones (IMC 60, T 79467 et Tiko 32) ayant fait partie du transfert de matériel cacao de la Station d'Ekona à celle de Nkoemvone en 1965. Ces clones ont ensuite été introduits dans des schémas de sélection du cacaoyer à Nkoemvone, et des parcelles expérimentales ont été plantées tout autour de la Station, notamment la cacaoyère sus-citée. Ceci plaiderait en faveur d'un centre d'origine de *P. megakarya* dans l'Ouest du Cameroun, et non dans le Sud.

L'analyse de la diversité génétique au sein des zones géographiques du Cameroun a permis d'identifier 3 zones plus diverses : la zone Sud où nous avons retrouvé 4 des 5 groupes génétiques ; la zone Ouest, qui comprend la première zone d'implantation cacaoyère au pied du Mont-Cameroun ; et la zone du Littoral, qui comporte la 2éme zone d'implantation cacaoyère à Bipindi-Lolodorf. En perspective, nous proposons de réaliser des prospections plus ciblées dans ces 3 zones, et particulièrement dans la zone Ouest qui présente le meilleur potentiel pour abriter le centre d'origine de *P. megakarya*. Il serait en particulier intéressant d'intensifier les prospections dans les zones de Muyuka et d'Ekona au pied du Mont-Cameroun, dans des cacaoyères et dans la zone refuge à Sterculiacées les entourant. Cette étude permettra de voir si le groupe AO est toujours présent dans cette zone sur cacaoyer. Elle permettra par ailleurs de confirmer l'existence d'hôtes originels potentiels de *P. megakarya* (différentes plantes indigènes pourraient être concernées par cette étude), ou une origine tellurique de cet agent pathogène. En effet, si l'hypothèse d'un hôte natif de *P. megakarya* est communément proposée, aucun hôte alternatif n'a clairement été identifié à ce jour.

L'hypothèse d'une origine tellurique est rarement proposée mais elle ne semble pas dénuée d'intérêt. Elle mérite d'autant plus d'être examinée que les seules souches isolées sur des espèces autres que le cacaoyer l'ont été sur des fruits tombés par terre (*Irvingia* sp dans la forêt à Korup, *Cola* sp dans une cacaoyère à Nomayos). Une investigation dans le sol, dans les zones identifiées comme potentiels centres d'origine de *P. megakarya*, et spécialement les zones refuges à Sterculiacées sauvages de l'Ouest, permettrait d'apporter des éléments de réponse additionnels à cette question de l'origine de *P. megakarya.* Ces prospections permettraient aussi de mieux circonscrire la présence du groupe MC dans ces zones. Il serait également intéressant d'intensifier les prospections dans la Station de recherche cacaoyère de Nkoemvone (sur les clones provenant de la Station d'Ekona et sur les clones « locaux »), ainsi que dans les parcelles implantées autour de la Station. Ceci permettrait de mieux définir la zone d'origine du groupe AO.

Il ressort de cette étude que les clones de *P. megakarya* ont migré sur de longues distances, probablement par le transport de matériel végétal et sous l'effet anthropique. Il pourrait être envisagé de tester les différents scénarios de migrations évoqués dans cette étude, à partir d'une variante du logiciel DIYABC adaptée aux organismes clonaux.

Dynamique spatio-temporelle de l'épidémie

La deuxième partie de ce travail a porté sur la dynamique spatio-temporelle de *P. megakarya* en champ. L'étude épidémiologique menée pendant 2 années consécutives dans 2 zones agroécologiques contrastées (savane et forêt) a permis de mettre en évidence la présence de foyers d'infection dans les parcelles étudiées. En effet, l'ajustement à la loi beta-binomiale a permis de détecter une surdispersion de l'incidence de la maladie à la fin de chaque campagne, tant en zone de forêt qu'en zone de savane. Ce résultat a ensuite été confirmé par l'analyse des cartes de distribution de la maladie au cours des 2 années successives (GéoStat-R), lesquelles montrent une distribution diffuse de la maladie en début d'épidémie, et une agrégation progressive des arbres infectés dans des zones qui seraient des foyers d'infection. Ces zones d'agrégation des arbres infectés se sont montrées récurrentes au cours des 2 campagnes de production. Il est donc probable que ces zones présentent des caractéristiques agro-écologiques propices à la maladie. En outre, il est possible que le facteur génétique du cacaoyer joue un rôle important dans le démarrage et l'incidence de l'épidémie. Il serait donc intéressant de comprendre la contribution des facteurs agro-écologiques et génétique sur la dynamique de la maladie en champ. Par ailleurs, si l'inoculum primaire semble déterminant pour le départ de la maladie, l'inoculum secondaire influencerait quant à lui fortement la dynamique spatiale et temporelle de l'épidémie. La production d'inoculum secondaire est intrinsèque à l'agent pathogène et il est probable que sa variabilité en champ soit liée à la diversité génétique de l'agent pathogène. Ce travail pourrait de ce fait se poursuivre par une approche d'épidémiologie moléculaire. Il s'agira de mettre en relation la diversité génétique de *P. megakarya* dans les parcelles paysannes et la progression spatiale et temporelle de la maladie au cours de plusieurs campagnes successives.

Malgré une taille assez faible des échantillons provenant du sol (du fait de la complexité de la méthode de piégeage), notre étude suggère tout de même que le sol est la source d'inoculum primaire dans les parcelles étudiées. En effet, il a été démontré que l'agent pathogène survit pendant de longs mois (en intercampagne) dans le sol. Une plus forte diversité génétique a été trouvée dans le sol. Le passage sur cabosses à partir du sol pourrait être fonction de l'agressivité des souches présentes. Il serait donc intéressant de comparer les niveaux d'agressivité des isolats du sol et ceux prélevés sur les cabosses infectées en champ au début de l'épidémie. Ce travail a été ébauché, et les résultats montrent une plus grande capacité à produire des zoospores pour les isolats du sol (annexe 9). Pour améliorer l'impact de ce travail, la méthode de piégeage du sol pourra être améliorée et cette expérimentation devra être répétée.

L'effet de l'ombrage sur la production totale et sur l'incidence de la maladie a également été testé à partir d'un modèle de régression linéaire. Aucun résultat n'a été trouvé significatif pour ce qui est de la production, et peu l'ont été pour l'incidence de la maladie. Ces résultats ne nous ont pas permis de conclure qu'il existe une corrélation entre le niveau d'ombrage et les 2 autres facteurs, comme cela est souvent suggéré. Et si l'ombrage n'est pas le facteur déterminant permettant d'expliquer le niveau de production et l'incidence de la pourriture brune dans les cacaoyères, des variables telles la densité des arbres, l'humidité relative sous cacaoyère, la pente des parcelles… pourraient être explorées pour mieux comprendre la distribution de la maladie en champ. Ceci pourrait aider les choix d'associations culturales dans les zones d'installation des nouvelles cacaoyères. L'accent pourrait par exemple être mis sur la valeur ajoutée des espèces associées.

Pour conclure sur cette partie, l'analyse spatio-temporelle nous a permis de mieux comprendre le développement de l'épidémie en champ. En permettant de réduire la pression globale d'inoculum dans la plantation à partir d'une gestion raisonnée des foyers identifiés, nos résultats pourraient contribuer à la mise au point de stratégies de lutte prophylactique et curative contre la pourriture brune des cabosses du cacaoyer.

Références Bibliographiques

ABOGO ONAMENA, A., BAKALA, J., PARTIOT, M., DESPREAUX, D. & NYEMB, E. 1995. Structure et évolution saisonnière de la population de *Phytophthora* spp. dans les sols des cacaoyères de Nkolbisson *Cocoa Res. Conf.* Lome, Togo.

ACEBO-GUERRERO, Y., HERNANDEZ-RODRIGUEZ, A., HEYDRICH-PEREZ, M., EJ JAZIRI, M. & HERNANDEZ-LAUZARDO, A. N. 2011. Management of black pod rot in cacao (*Theobroma cacao* L.): a review. *Fruits,* 67, 41-48.

ACEBO-GUERRERO, Y., HERNANDEZ-RODRIGUEZ, A., HEYDRICH-PEREZ, M., EL JAZIRI, M. & HERNANDEZ-LAUZARDO, A. N. 2012. Management of black pod rot in cacao (Theobroma cacao L.): a review. *Fruits,* 67, 41-48.

AKROFI, A. Y., APPIAH, A. A. & OPOKU, I. Y. 2003. Management of Phytophthora pod rot disease on cocoa farms in Ghana. *Crop Protection,* 22, 469-477.

ALARY, V. 1996. La libéralisation de la filière cacaoyère vue et vécue par les planteurs du Cameroun. *Revue Région et Développement,* n° 4, 24.

ALVERSON, W. S., WHITLOCK, B. A., NYFFELER, R., BAYER, C. & BAUM, D. A. 1999. Phylogeny of the core Malvales: Evidence from ndhF sequence data. *American Journal of Botany,* 86, 1474-1486.

ANDERSON, P. K., CUNNINGHAM, A. A., PATEL, N. G., MORALES, F. J., EPSTEIN, P. R. & DASZAK, P. 2004. Emerging infectious diseases of plants: pathogen pollution, climate change and agrotechnology drivers. *Trends in Ecology & Evolution,* 19, 535-544.

ANTONOVICS, J., HOOD, M. & PARTAIN, J. 2002. The ecology and genetics of a host shift: Microbotryum as a model system. *American Naturalist,* 160, S40-S53.

ANTONOVICS, J., THRALL, P. H., BURDON, J. J. & LAINE, A. L. 2010. Partial Resistance In The Linum-Melampsora Host-Pathogen System: Does Partial Resistance Make The Red Queen Run Slower? *Evolution,* 65, 512-522.

ARNAUD-HAOND, S., DUARTE, C. M., ALBERTO, F. & SERRAO, E. A. 2007. Standardizing methods to address clonality in population studies. *Molecular Ecology,* 16, 5115-5139.

ATTARD, A., GOURGUES, M., GALIANA, E., PANABIERES, F., PONCHET, M. & KELLER, H. 2008. Strategies of attack and defense in plant-oomycete interactions, accentuated for Phytophthora parasitica Dastur (syn. P. Nicotianae Breda de Haan). *J Plant Physiol,* 165, 83-94.

BALDAUF, S. L. 2008. An overview of the phylogeny and diversity of eukaryotes. *Journal of Systematics and Evolution,* 46, 263-273.

BANKE, S. & MCDONALD, B. A. 2005. Migration patterns among global populations of the pathogenic fungus Mycosphaerella graminicola. *Molecular Ecology,* 14, 1881-1896.

BANKE, S., PESCHON, A. & MCDONALD, B. A. 2004. Phylogenetic analysis of globally distributed Mycosphaerella graminicola populations based on three DNA sequence loci. *Fungal Genetics And Biology,* 41, 226-238.

BARNOUIN, J. & SACHE, I. 2010. Les maladies émergentes. Epidémiologie chez le végétal, l'animal et l 'homme. *Quae editions*, 446.

BARTLEY, B. G. D. 2005. *The genetic diversity of cacoa and its utilization.*

BELL, G. 2008. Experimental evolution. *Heredity,* 100, 441-442.

BERKELEY, M. J. 1846. Observations, botanical and physiological on the potato murain. *J. Hort. Soc. London,* 1, 9-34.

BERRY, D. & CILAS, C. 1994. Etude génétique de la réaction à la pourriture brune des cabosses chez des cacaoyers (*Theobroma cacao* L) issus de croisements diallèles. *Agronomie tropicale,* 14, 599-609.

BLAHA, G. Year. Structure génétique de *Phytophthora megakarya* et de *Phytophthora palmivora*, agents de la pourriture brune des cabosses du cacaoyer. *In:* Proceedings of the XIth International Cocao Research Conférence 1994 Yamoussoukro, Ivory Coast. 3-13.

BLAIR, J. E., COFFEY, M. D., PARK, S.-Y., GEISER, D. M. & KANG, S. 2008. A multi-locus phylogeny for Phytophthora utilizing markers derived from complete genome sequences. *Fungal Genetics And Biology,* 45, 266-277.

BONMAN, J. M., KHUSH, G. S. & NELSON, R. J. 1992. Breeding Rice For Resistance To Pests. *Annual Review Of Phytopathology,* 30, 507-528.

BOWERS, J. H., BAILEY, B. A., HEBBAR, P. K., SANOGO, S. & LUMSDEN, R. D. 2001. The impact of plant diseases on world chocolate production. *In:* PROGRESS, P. H. (ed.).

BRASIER, C. M. 1979. Phytophthora - Unobtrusive Killer. *Biological Journal Of The Linnean Society,* 12, 358-358.

BRASIER, C. M. & GRIFFIN, M. J. 1979. Taxonomy of Phytophthora-Palmivora on Cocoa. *Transactions of the British Mycological Society,* 72, 111-143.

BRASIER, C. M., KIRK, S. A., DELCAN, J., COOKE, D. E. L., JUNG, T. & MAN IN'T VELD, W. A. 2004. Phytophthora alni sp nov and its variants: designation of emerging heteroploid hybrid pathogens spreading on Alnus trees. *Mycological Research,* 108, 1172-1184.

BROWN, A. H. D., FELDMAN, M. W. & NEVO, E. 1980. Multilocus Structure Of Natural-Populations Of Hordeum-Spontaneum. *Genetics,* 96, 523-536.

BROWN, C. J., GARNER, E. C., DUNKER, A. K. & JOYCE, P. 2001. The power to detect recombination using the coalescent. *Molecular Biology And Evolution,* 18, 1421-1424.

BROWN, J. K. M. 2000. Estimation of rates of recombination and migration in populations of plant pathogens. *Phytopathology,* 90, 320-323.

BROWN, J. K. M. & HOVMOLLER, M. S. 2002. Epidemiology - Aerial dispersal of pathogens on the global and continental scales and its impact on plant disease. *Science,* 297, 537-541.

BRUGGEMAN, J., DEBETS, A. J. M., WIJNGAARDEN, P. J., DEVISSER, J. & HOEKSTRA, R. F. 2003. Sex slows down the accumulation of deleterious mutations in the homothallic fungus Aspergillus nidulans. *Genetics,* 164, 479-485.

BUCKLER, E. S., THORNSBERRY, J. M. & KRESOVICH, S. 2001. Molecular diversity, structure and domestication of grasses. *Genetical Research,* 77, 213-218.

BUNTING, T. E., PLUMLEY, K. A., CLARKE, B. B. & HILLMAN, B. I. 1996. Identification of Magnaporthe poae by PCR and examination of its relationship to other fungi by analysis of their nuclear rDNA ITS-1 regions. *Phytopathology,* 86, 398-404.

BURCH, C. L. & CHAO, L. 1999. Evolution by small steps and rugged landscapes in the RNA virus phi 6. *Genetics,* 151, 921-927.

BURKE, J. M., BURGER, J. C. & CHAPMAN, M. A. 2007. Crop evolution: from genetics to genomics. *Current Opinion In Genetics & Development,* 17, 525-532.

BURKE, M. K., DUNHAM, J. P., SHAHRESTANI, P., THORNTON, K. R., ROSE, M. R. & LONG, A. D. 2010. Genome-wide analysis of a long-term evolution experiment with Drosophila. *Nature,* 467, 587-590.

BURLE, L. 1952. La production de cacao en Afrique occidentale française. Centre de recherches agronomiques de Bingerville. Bulletin n°5, 3-21.

BUTLER, G. 2010. Fungal Sex and Pathogenesis. *Clinical Microbiology Reviews,* 23, 140-159.

CAILLAUD, D., PRUGNOLLE, F., DURAND, P., THERON, A. & DE MEEUS, T. 2006. Host sex and parasite genetic diversity. *Microbes And Infection,* 8, 2477-2483.

CAMBARERI, E. B., AISNER, R. & CARBON, J. 1989. Structure of the chromosome VII centromere region in Neurospora crassa: degenerate transposons and simple repeats. *Molecular and Cellular Biology,* 18, 5465±5477.

CAMPBELL, L. G. & HUSBAND, B. C. 2005. Impact of clonal growth on effective population size in Hymenoxys herbacea (Asteraceae). *Heredity,* 94, 526-532.

CAMPBELL, L. T. & CARTER, D. A. 2006. Looking for sex in the fungal pathogens Cryptococcus neoformans and Cryptococcus gattii. *Fems Yeast Research,* 6, 588-598.

CDAO, CSAO & OCDE 2007. Attlas de l'integration régionale en Afrique de l'Ouest.

CHEESMAN, E. E. 1944. Notes on the nomenclature, possible classification and relationships of cocoa populations. *In:* AGRICULTURE, T. (ed.).

COOKE, D. E., DRENTH, A., DUNCAN, J. M., WAGELS, G. & BRASIER, C. M. 2000. A molecular phylogeny of Phytophthora and related oomycetes. *Fungal Genet Biol,* 30, 17-32.

COOKE, D. E. L. & DUNCAN, J. M. 1997. Phylogenetic analysis of Phytophthora species based on ITS1 and ITS2 sequences of the ribosomal RNA gene repeat. *Mycological Research,* 101, 667-677.

COUCH, B. C., FUDAL, I., LEBRUN, M. H., THARREAU, D., VALENT, B., VAN KIM, P., NOTTEGHEM, J. L. & KOHN, L. M. 2005. Origins of host-specific populations of the blast pathogen Magnaporthe oryzae in crop domestication with subsequent expansion of pandemic clones on rice and weeds of rice. *Genetics,* 170, 613-630.

COUTINHO, T. A., WINGFIELD, M. J., ALFENAS, A. C. & CROUS, P. W. 1998. Eucalyptus rust: A disease with the potential for serious international implications. *Plant Disease,* 82, 819-825.

CUATRECASAS 1964. Cacao and its allies: a taxonomic revision of the genus *Theobroma.* Contributions from the United States Herbarium.

DAKWA, J. T. Year. A serious outbreak of blackpod disease in a marginal area of Ghana. *In:* 10th Cocoa Research Conference, 1987 Santo Domingo. 447-451.

DE BARY, A. 1876. Researches into the nature of the potato fungus, *Phytophthora infestans. J.R. Agric.Soc.* , Engl. Ser.2. 12, 239-269.

DEBERDT, P., MFEGUE, C. V., TONDJE, P. R., BON, M. C., DUCAMP, M., HURARD, C., BEGOUDE, B. A. D., NDOUMBE-NKENG, M., HEBBAR, P. K. & CILAS, C. 2008. Impact of environmental factors, chemical fungicide and biological control on cacao pod production dynamics and black pod disease (Phytophthora megakarya) in Cameroon. *Biological Control,* 44, 149-159.

DESPREAUX, D. 1988. Etude de la pourriture brune des cabosses du cacaoyer au Cameroun. Deuxième partie: contribution à l'étude de la maladie, groupe de recherche sur les maladies à *Phytophthora* sp. du cacaoyer. *In:* IRA (ed.) *10ème Conférence Internationale sur la Recherche Cacaoyère.* Santo Domingo, Republique Dominicaine.

DESPREZ-LOUSTAU, M.-L., ROBIN, C., BUEE, M., COURTECUISSE, R., GARBAYE, J., SUFFERT, F., SACHE, I. & RIZZ, D. M. 2007. The fungal dimension of biological invasions. *Trends In Ecology & Evolution,* 22, 472-480.

DICK, M. W. 2001. *Straminipilous fungi: systematics of the ^peronosporomycetes, including accounts of the marine straminipilous protests, the plasmodiophorids, and similar organisms,* Dordrecht, The Netherlands, Kluwer Academic Publishers

DJIEKPOR, E. K., GOKA, K., LUCAS, P. & PARTIOT, M. 1981. CACAO BLACK POD DISEASE DUE TO PHYTOPHTHORA SP IN TOGO - ASSESSMENT AND CONTROL STRATEGIES. *Cafe Cacao The,* 25, 263-268.

DLUGOSCH, K. M. & PARKER, I. M. 2008. Invading populations of an ornamental shrub show rapid life history evolution despite genetic bottlenecks. *Ecology Letters,* 11, 701-709.

DRENTH, A., TAS, I. C. Q. & GOVERS, F. 1994. DNA-Fingerprinting Uncovers a New Sexually Reproducing Population of Phytophthora-Infestans in the Netherlands. *European Journal of Plant Pathology,* 100, 97-107.

DUTECH, C., FABREGUETTES, O., CAPDEVIELLE, X. & ROBIN, C. 2010. Multiple introductions of divergent genetic lineages in an invasive fungal pathogen, Cryphonectria parasitica, in France. *Heredity,* 105, 220-228.

EFOMBAGN, I. B. M., MOTAMAYOR, J. C., SOUNIGO, O., ESKES, A. B., NYASSE, S., CILAS, C., SCHNELL, R., MANZANARES-DAULEUX, M. J. & KOLESNIKOVA-ALLEN, M. 2008. Genetic diversity and structure of farm and GenBank accessions of cacao (Theobroma cacao L.) in Cameroon revealed by microsatellite markers. *Tree Genetics & Genomes,* 4, 821-831.

ELLIOT, C. G. 1983. Physiology and sexual reproduction of in *Phytophthora In:* SOCIETY, A. P. (ed.) *Phytophthora: Its Biology, Taxonomy, Ecology, and Pathology.* St. Paul, Minnesota: D.C. Erwin, S. Bartnicki-Garcia, and P.H. Tsao.

ELLSTRAND, N. C. & SCHIERENBECK, K. A. 2000. Hybridization as a stimulus for the evolution of invasiveness in plants ? *PNAS,* 97, 7043-7050.

ERIKSSON, J. 1912. Fungoid diseases of agricultural plants. An English translation of this by Anna Molander. Bailliere, Tindall & Cox, London

ERWIN, D. C., BARTNICKI-GARCIA, S. & TSAO, P. H. 1983. *Phytophthora: its Biology, Taxonomy, Ecology, and Pathology,* St. Paul, Minnesota.

ERWIN, D. C. & RIBEIRO, O. K. 1996. *Phytophthora diseases worldwide,* Minnesota, USA, The American Phytopathology Society.

EVANNO, G., REGNAUT, S. & GOUDET, J. 2005. Detecting the number of clusters of individuals using the software structure: a simulation study. *Molecular Ecology,* 14, 2611-2620.

EVANS, H. C. Year. New developments in black-pod epidemiology *In:* SOC., J. A., ed. FAO/INGENIC, 1973 Trinidad Tobago. 434-411.

EVANS, H. C. 2007. Cacao diseases - The trilogy revisited. *Phytopathology,* 97, 1640-1643.

EVANS, H. C. & PRIOR, C. 1987. COCOA POD DISEASES - CAUSAL AGENTS AND CONTROL. *Outlook on Agriculture,* 16, 35-41.

FACON, B., GENTON, B. J., SHYKOFF, J. A., JARNE, P., ESTOUP, A. & DAVID, P. 2006. A general eco-evolutionary framework for understanding bioinvasions. *TREE,* 21, 130-135.

FILIPE, J. A. N., COBB, R. C., MEENTEMEYER, R. K., LEE, C. A., VALACHOVIC, Y. S., COOK, A. R., RIZZO, D. M. & GILLIGAN, C. A. 2012. Landscape Epidemiology and Control of Pathogens with Cryptic and Long-Distance Dispersal: Sudden Oak Death in Northern Californian Forests. *Plos Computational Biology,* 8.

FORSTER, H., RIBEIRO, O. K. & ERWIN, D. C. 1983. FACTORS AFFECTING OOSPORE GERMINATION OF PHYTOPHTHORA-MEGASPERMA F SP MEDICAGINIS. *Phytopathology,* 73, 442-448.

FRY, W. E., GOODWIN, S. B., DYER, A. T., MATUSZAK, J. M., DRENTH, A., TOOLEY, P. W., SUJKOWSKI, L. S., KOH, Y. J., COHEN, B. A., SPIELMAN, L. J., DEAHL, K. L., INGLIS, D. A. & SANDLAN, K. P. 1993. Historical and Recent Migrations of

Phytophthora-Infestans - Chronology, Pathways, and Implications. *Plant Disease,* 77, 653-661.

GESCHIERE, P. & KONINGS, P. 1912. *Itinéraires d'accumulation au Cameroun.*

GOMEZ-ALPIZAR, L., CARBONE, I. & RISTAINO, J. B. 2007. An Andean origin of Phytophthora infestans inferred from mitochondrial and nuclear gene genealogies. *PNAS,* 104, 3306-3311.

GREGORY, P. H. 1983. Some major epidemics caused by *Phytophthora In:* SOCIETY, A. P. (ed.) *Phytophthora: Its biology, Taxonomy, Ecology, and Pathology.* St Paul, Minnesota.

GREGORY, P. H. & MADISON, A. C. 1981. Epidemiology of Phytophthora on cocoa in Nigeria *Phytopathological paper*

GRIFFIN, M. J. Year. *In:* Cocoa *Phytophthora* Workshop, 24-26 May, 1976 1977 Rothamsted Exp. Stn. England. PANS, 107-110.

GUEST, D. 2007. Black pod: Diverse pathogens with a global impact on cocoa yield. *Phytopathology,* 97, 1650-1653.

GUEST, D. I., ANDERSON, R. D., FOARD, H. J., PHILLIPS, D., WORBOYS, S. & MIDDLETON, R. M. 1994. LONG-TERM CONTROL OF PHYTOPHTHORA DISEASES OF COCOA USING TRUNK-INJECTED PHOSPHONATE. *Plant Pathology,* 43, 479-492.

HAAS, B. J., KAMOUN, S., ZODY, M. C., JIANG, R. H. Y., HANDSAKER, R. E., CANO, L. M., GRABHERR, M., KODIRA, C. D., RAFFAELE, S., TORTO-ALALIBO, T., BOZKURT, T. O., AH-FONG, A. M. V., ALVARADO, L., ANDERSON, V. L., ARMSTRONG, M. R., AVROVA, A., BAXTER, L., BEYNON, J., BOEVINK, P. C., BOLLMANN, S. R., BOS, J. I. B., BULONE, V., CAI, G. H., CAKIR, C., CARRINGTON, J. C., CHAWNER, M., CONTI, L., COSTANZO, S., EWAN, R., FAHLGREN, N., FISCHBACH, M. A., FUGELSTAD, J., GILROY, E. M., GNERRE, S., GREEN, P. J., GRENVILLE-BRIGGS, L. J., GRIFFITH, J., GRUNWALD, N. J., HORN, K., HORNER, N. R., HU, C. H., HUITEMA, E., JEONG, D. H., JONES, A. M. E., JONES, J. D. G., JONES, R. W., KARLSSON, E. K., KUNJETI, S. G., LAMOUR, K., LIU, Z. Y., MA, L. J., MACLEAN, D., CHIBUCOS, M. C., MCDONALD, H., MCWALTERS, J., MEIJER, H. J. G., MORGAN, W., MORRIS, P. F., MUNRO, C. A., O'NEILL, K., OSPINA-GIRALDO, M., PINZON, A., PRITCHARD, L., RAMSAHOYE, B., REN, Q. H., RESTREPO, S., ROY, S., SADANANDOM, A., SAVIDOR, A., SCHORNACK, S., SCHWARTZ, D. C., SCHUMANN, U. D., SCHWESSINGER, B., SEYER, L., SHARPE, T., SILVAR, C., SONG, J., STUDHOLME, D. J., SYKES, S., THINES, M., VAN DE VONDERVOORT, P. J. I., PHUNTUMART, V., WAWRA, S., WEIDE, R., WIN, J., YOUNG, C., ZHOU, S. G., FRY, W., MEYERS, B. C., VAN WEST, P., RISTAINO, J., GOVERS, F., BIRCH, P. R. J., WHISSON, S. C., JUDELSON, H. S. & NUSBAUM, C. 2009. Genome sequence and analysis of the Irish potato famine pathogen Phytophthora infestans. *Nature,* 461, 393-398.

HARLAN, J. R. 1951. Anatomy of gene centers. *American Naturalist,* 85, 97-103.

HARUTYUNYAN, S. R., ZHAO, Z., DEN HARTOG, T., BOUWMEESTER, K., MINNAARD, A. J., FERINGA, B. L. & GOVERS, F. 2008. Biologically active Phytophthora mating hormone prepared by catalytic asymmetric total synthesis. *Proceedings of the National Academy of Sciences of the United States of America,* 105, 8507-8512.

HOLFORD, M., PUILLANDRE, N., TERRYN, Y., CRUAUD, C., OLIVERA, B. & BOUCHET, P. 2009. Evolution of the Toxoglossa venom apparatus as inferred by molecular phylogeny of the Terebridae. *Mol Biol Evol,* 26, 15-25.

HOLMES, K. A., EVANS, H. C., WAYNE, S. & SMITH, J. 2003. Irvingia, a forest host of the cocoa black-pod pathogen, Phytophthora megakarya, in Cameroon. *Plant Pathology,* 52, 486-490.

IOOS, R., BARRES, B., ANDRIEUX, A. & FREY, P. 2007. Characterization of microsatellite markers in the interspecific hybrid Phytophthora alni ssp alni, and cross-amplification with related taxa. *Molecular Ecology Notes,* 7, 133-137.

JEGER, M. J. & PAUTASSO, M. 2008. Comparative epidemiology of zoosporic plant pathogens. *European Journal of Plant Pathology,* 122, 111-126.

JIANG, R. H. Y., TYLER, B. M., WHISSON, S. C., HARDHAM, A. R. & GOVERS, F. 2006. Ancient origin of elicitin gene clusters in Phytophthora genomes. *Molecular Biology and Evolution,* 23, 338-351.

JOHNSON, C. G. 1962. Capsids: a review of current knowledge. *Wills JB ed. Agriculture and land use in Ghana.* Oxford, UK: Oxford University Press.

JUDELSON, H. S. & BLANCO, F. A. 2005. The spores of Phytophthora: weapons of the plant destroyer. *Nat Rev Microbiol,* 3, 47-58.

KANTOR, Y. I., PUILLANDRE, N., OLIVERA, B. M. & BOUCHET, P. 2008. Morphological proxies for taxonomic decision in turrids (mollusca, neogastropoda): a test of the value of shell and radula characters using molecular data. *Zoolog Sci,* 25, 1156-70.

KEANE, P. J. 1992. *RE: Diseases and pests of cocoa: an overview*

KELLER, S. R. & TAYLOR, D. R. 2008. History, chance and adaptation during biological invasion: separating stochastic phenotypic evolution from response to selection. *Ecology Letters,* 11, 852-866.

KUMAR, J., NELSON, R. J. & ZEIGLER, R. S. 1999. Population structure and dynamics of Magnaporthe grisea in the Indian Himalayas. *Genetics,* 152, 971-984.

LAWSON HANDLEY, L. J., ESTOUP, A., EVANS, D. M., THOMAS, C. E., LOMBAERT, E., FACON, B., AEBI, A. & ROY, H. E. 2011. Ecological genetics of invasive alien species. *BioControl,* 56, 409-428.

LEE, S. B. & TAYLOR, J. W. 1992. PHYLOGENY OF 5 FUNGUS-LIKE PROTOCTISTAN PHYTOPHTHORA SPECIES, INFERRED FROM THE INTERNAL TRANSCRIBED SPACERS OF RIBOSOMAL DNA. *Molecular Biology and Evolution,* 9, 636-653.

LETOUZEY, R. 1968. *Etude phytogéographique du Cameroun,* Paris.

MA, L.-J., VAN DER DOES, H. C., BORKOVICH, K. A., COLEMAN, J. J., DABOUSSI, M.-J., DI PIETRO, A., DUFRESNE, M., FREITAG, M., GRABHERR, M., HENRISSAT, B., HOUTERMAN, P. M., KANG, S., SHIM, W.-B., WOLOSHUK, C., XIE, X., XU, J.-R., ANTONIW, J., BAKER, S. E., BLUHM, B. H., BREAKSPEAR, A., BROWN, D. W., BUTCHKO, R. A. E., CHAPMAN, S., COULSON, R., COUTINHO, P. M., DANCHIN, E. G. J., DIENER, A., GALE, L. R., GARDINER, D. M., GOFF, S., HAMMOND-KOSACK, K. E., HILBURN, K., HUA-VAN, A., JONKERS, W., KAZAN, K., KODIRA, C. D., KOEHRSEN, M., KUMAR, L., LEE, Y.-H., LI, L., MANNERS, J. M., MIRANDA-SAAVEDRA, D., MUKHERJEE, M., PARK, G., PARK, J., PARK, S.-Y., PROCTOR, R. H., REGEV, A., RUIZ-ROLDAN, M. C., SAIN, D., SAKTHIKUMAR, S., SYKES, S., SCHWARTZ, D. C., TURGEON, B. G., WAPINSKI, I., YODER, O., YOUNG, S., ZENG, Q., ZHOU, S., GALAGAN, J., CUOMO, C. A., KISTLER, H. C. & REP, M. 2010. Comparative genomics reveals mobile pathogenicity chromosomes in Fusarium. *Nature,* 464, 367-373.

MADDEN, L. V., NAULT, L. R. & MURRAL, D. J. 1995. Spatial pattern analysis of the incidence of aster yellows disease in lettuce *RESEARCHES ON POPULATION ECOLOGY,* 37, 279-289.

MATTA, C. 2010. Spontaneous Generation and Disease Causation: Anton de Bary's Experiments with Phytophthora infestans and Late Blight of Potato. *Journal of the History of Biology,* 43, 459-491.

MCGREGOR, A. J. 1984. COMPARISON OF CUPROUS-OXIDE AND METALAXYL WITH MIXTURES OF THESE FUNGICIDES FOR THE CONTROL OF PHYTOPHTHORA POD ROT OF COCOA. *Plant Pathology,* 33, 81-87.

MCMAHON, P. & PURWANTURA, A. 2004. *Phytophthora* on cocoa. *In:* D.I., D. A. G. (ed.) *Diversity and Management of Phytophthora in Southeast Asia.* ACIAR Monogrph.

MOTAMAYOR, J. C., RISTERUCCI, A. M., LOPEZ, P. A., ORTIZ, C. F., MORENO, A. & LANAUD, C. 2002. Cacao domestication : the origin of the cacao cultivated by the Mayas. *Heredity,* 89, 380-386.

NDOUMBE-NKENG, M., CILAS, C., NYEMB, E., NYASSE, S., BIEYSSE, D., FLORI, A. & SACHE, I. 2004. Impact of removing diseased pods on cocoa black pod caused by Phytophthora megakarya and on cocoa production in Cameroon. *Crop Protection,* 23, 415-424.

NOVAK, S. J. & MACK, R. N. 2005. Genetic bottlenecks in alien plant species: influence of mating systems and introduction dynamics. *In:* SAX, D. F., GAINES, S. D. & STACHOWICZ, J. J. (eds.) *Exotic Species - Bane to Conservation and Boon to Understanding: Ecology, Evolution and Biogeography.* Sinauer, MA.

NYASSE, S. 1997. *Etude de la diversité de Phytophthora megakarya et caractérisation de la résistance du cacaoyer (Theobroma cacao L.) à cet agent pathogène.* Thesis, Institut National Polytechnique de Toulouse.

NYASSE, S., EFOMBAGN, M. I. B., KEBE, B. I., TAHI, M., DESPREAUX, D. & CILAS, C. 2007. Integrated management of *Phytophthora* diseases on cocoa (Theobroma cacao L): Impact of plant breeding on pod rot incidence. *Crop Protection,* 26, 40-45.

NYASSE, S., GRIVET, L., RISTERUCCI, A. M., BLAHA, G., BERRY, D., LANAUD, C. & DESPREAUX, D. 1999. Diversity of Phytophthora megakarya in Central and West Africa revealed by isozyme and RAPD markers. *Mycological Research,* 103, 1225-1234.

OPOKU, I. Y., AKROFI, A. Y. & APPIAH, A. A. 2002. Shade trees are alternative hosts of the cocoa pathogen Phytophthora megakarya. *Crop Protection,* 21, 629-634.

OPOKU, I. Y., AKROFI, A. Y. & APPIAH, A. A. 2007. Assessment of sanitation and fungicide application directed at cocoa tree trunks for the control of Phytophthora black pod infections in pods growing in the canopy. *European Journal of Plant Pathology,* 117, 167-175.

ORTIZ-GARCIA, C. F., HERAIL, C. & BLAHA, G. Year. Utilisation des isoenzymes en tant que marqueurs pour l'identification spécifique des *Phytophthora* responsables de la pourriture brune des cabosses dans les pays producteurs de cacao. *In:* XI th International Cocoa Research Conference, 1994 Yamoussoukro, Côte d'Ivoire. Cocoa Puroducers' Alliance, 135-143.

OTTO, S. P. & LENORMAND, T. 2002. Resolving the paradox of sex and recombination. *Nature Reviews Genetics,* 3, 252-261.

OUDEMANS, P. & COFFEY, M. D. 1991. A Revised Systematics of 12 Papillate Phytophthora Species Based on Isozyme Analysis. *Mycological Research,* 95, 1025-1046.

PALM, M. E. 2001. Systematics and the impact of invasive fungi on agriculture in the United States. *Bioscience,* 51, 141-147.

PLOETZ, R. C. 2007. Cacao diseases: Important threats to chocolate production worldwide. *Phytopathology,* 97, 1634-1639.

POKOU, N. D., N'GORAN, J. A. K., KEBE, I., ESKES, A., TAHI, M. & SANGARE, A. 2008. Levels of resistance to Phytophthora pod rot in cocoa accessions selected on-farm in Cote d'Ivoire. *Crop Protection,* 27, 302-309.

POSNETTE, A. F. 1981. *The role of wild hosts in cocoa swollen shoot disease,* London, UK, Pitman ltd.

PREUSS, P. 1901. Expedition nach central und Sudamerika 1899/900. Verlag des Kolonial-Wirtschaftlichen Komitees. Berlin.

PUILLANDRE, N., DUPAS, S., DANGLES, O. & ZEDDAM, J. 2008. Genetic bottleneck in invasive species: the potato tuber moth adds to the list. *Biol. Invasions,* 10, 319-333.

PURWANTARA, A., DRENTH, A., FLETT, S. P., GUPPY, W. & KEANE, P. J. 2001. Diversity of Phytophthora clandestina isolated from subterranean clover in southern australia: Analysis of virulence and RAPD profiles. *European Journal of Plant Pathology,* 107, 305-311.

PYSEK, P., JAROSIK, V., HULME, P. E., KUHN, I., WILD, J., ARIANOUTSOU, M., BACHER, S., CHIRON, F., DIDZIULIS, V., ESSL, F., GENOVESI, P., GHERARDI, F., HEJDA, M., KARK, S., LAMBDON, P. W., DESPREZ-LOUSTAU, M. L., NENTWIG, W., PERGL, J., POBOLJSAJ, K., RABITSCH, W., ROQUES, A., ROY, D. B., SHIRLEY, S., SOLARZ, W., VILA, M. & WINTER, M. 2010. Disentangling the role of environmental and human pressures on biological invasions across Europe. *Proc Natl Acad Sci U S A,* 107, 12157-62.

RISTAINO, J. B. 2002. Tracking historic migrations of the Irish potato famine pathogen, Phytophthora infestans. *Microbes And Infection,* 4, 1369-1377.

ROBINSON, R. A. 1996. Return to Resistance; Breeding Plants to Reduce Pesticide Dependence. Davis, California, USA: agAccess. 480.

ROSSMAN, A. Y. 2001. A special issue on global movement of invasive plants and fungi. *Bioscience,* 51, 93-94.

SALEH, D. 2011. *Conséquences de la domestication du riz sur son principal agent pathogène fongique, Magnaporthe oryzae: structure des populations, dispersion et évolution du régime de reproduction.* Thèse de Doctorat, Université Montpellier II.

SALEH, D., XU, P., SHEN, Y., LI, C., ADREIT, H., MILAZZO, J., RAVIGNE, V., BAZIN, E., NOTTEGHEM, J. L., FOURNIER, E. & THARREAU, D. 2012. Sex at the origin: an Asian population of the rice blast fungus Magnaporthe oryzae reproduces sexually. *Mol Ecol,* 21, 1330-44.

SCHARDL, C. L. & CRAVEN, K. D. 2003. Interspecific hybridization in plant-associated fungi and oomycetes: a review. *Molecular Ecology,* 12, 2861-2873.

STUKENBROCK, E. H., BANKE, S., JAVAN-NIKKHAH, M. & MCDONALD, B. A. 2007. Origin and domestication of the fungal wheat pathogen Mycosphaerella graminicola via sympatric speciation. *Molecular Biology And Evolution,* 24, 398-411.

STUKENBROCK, E. H. & MCDONALD, B. A. 2008. The origins of plant pathogens in agro-ecosystems. *Annual Review Of Phytopathology.*

TAHARA, S. & ISLAM, M. T. 2005. Secondary metabolites with diverse activities toward phytopathogenic zoospores of Aphanomyces cochlioides in host and nonhost plants. *In:* CLARK, J. M. O. H. (ed.) *New Discoveries in Agrochemicals.*

TAYLOR, J. W., JACOBSON, D. J. & FISHER, M. C. 1999. The evolution of asexual fungi: Reproduction, speciation and classification. *Annual Review Of Phytopathology,* 37, 197-246.

THOMPSON, E. 1956. Notes on the use of cacao in Middle America. . *In:* CARNEGIE INSTITUTION, W. (ed.).

THOROLD, C. A. 1955. Observations on black-pod disease (*Phytophthora palmivora*) of cocoa in Nigeria. *Transactions of the British Mycological Society,* 38, 435-452.

TONDJE, P. R., BERRY, D., BAKALA, J. & EBANDAN, S. Year. Intérêt de diverses pratiques culturales dans la lutte contre la pourriture brune des cabosses du cacaoyer due à *Phytophthora* spp. au Cameroun. *In:* 11ème conférence Internationale sur la Recherche Cacaoyère, 1993 Yamoussoukro, Côte-d'Ivoire. 175-183.

TOXOPEUS, H. Year. Cocoa breeding: a consequence of mating system, heterosis and population structure. *In:* Cocoa and coconuts in Malaysia - Incorporadted Society of Planters, 1972 Kuala Lumpur. 3-12.

TOXOPEUS, H. 1985. Botany, types and populations in cocoa. *In:* WOOD, G. A. R. & LASS, R. A. (eds.) *Cocoa (4th ed.).* Longwan, London, United Kingdom.

TSAO, P. H. & ALIZADEH, A. Year. Recent advances in the taxonomy of the so-called "*Phytophthora palmivora*" MF4 occuring on cocoa and other tropical crops. *In:* 10th International Cocoa Research Conference Proceedings, 17-23 May, 1987 1988 Santo Domingo. 441-445.

VAVILOV, N. I. 1926. Studies on the origin of cultivated plants. *Bull. Appl. Bot. Plant Breed.,* 16, 248.

WOOD, G. A. R. & LASS, R. A. 1985. *Cocoa.*

ZHU, B., ZHOU, Q., XIE, G., ZHANG, G., ZHANG, X., WANG, Y., SUN, G., LI, B. & JIN, G. 2012. Interkingdom Gene Transfer May Contribute to the Evolution of Phytopathogenicity in Botrytis Cinerea. *Evolutionary Bioinformatics,* 8, 105-117.

Annexes

Annexe 1 : Liste des isolats étudiés avec leur numéro de MLG, leur groupe génétique (DAPC), leur provenance, et leurs coordonnées GPS. Le nom de l'espèce est donné pour les autres espèces autres que *Phytophthora megakarya*.

Les *P. megakarya*

Nom	MLG	DAPC	Année	Pays	Zone géographique	Département	GPS X	GPS Y
KUM104	8	2	2008	Cameroun	Ouest	Meme	04°43.263	09°29.151
KUM11	181	3	2008	Cameroun	Ouest	Meme	04°36.296	09°23.349
KUM111	67	4	2008	Cameroun	Ouest	Meme	04°45.299	09°29.220
KUM123	30	2	2008	Cameroun	Ouest	Meme	04°47.167	09°29.103
KUM124	181	3	2008	Cameroun	Ouest	Meme	04°47.167	09°29.103
KUM13	193	3	2008	Cameroun	Ouest	Meme	04°36.296	09°23.349
KUM131	54	4	2008	Cameroun	Ouest	Meme	04°48.104	09°28.439
KUM22	54	4	2008	Cameroun	Ouest	Meme	04°36.243	09°21.282
KUM23	181	3	2008	Cameroun	Ouest	Meme	04°36.243	09°21.282
KUM31	181	3	2008	Cameroun	Ouest	Meme	04°36.991	09°19.458
KUM33	181	3	2008	Cameroun	Ouest	Meme	04°36.991	09°19.458
KUM44	197	3	2008	Cameroun	Ouest	Meme	04°34.582	09°18.518
KUM55	54	4	2008	Cameroun	Ouest	Meme	04°38.226	09°28.248
KUM63	68	4	2008	Cameroun	Ouest	Meme	04°39.490	09°29.033
KUM64	62	4	2008	Cameroun	Ouest	Meme	04°39.490	09°29.033
KUM71	54	4	2008	Cameroun	Ouest	Meme	04°41.076	09°29.245
KUM81	62	4	2008	Cameroun	Ouest	Meme	04°41.671	09°29.378
KUM84	36	4	2008	Cameroun	Ouest	Meme	04°41.671	09°29.378
KUM92	62	4	2008	Cameroun	Ouest	Meme	04°42.309	09°29.171
KUM95	67	4	2008	Cameroun	Ouest	Meme	04°42.309	09°29.171
MUY1	181	3	2009	Cameroun	Ouest	Fako	04°14.085	09°21.254
MUY10	188	3	2009	Cameroun	Ouest	Fako	04°17.444	09°23.272
MUY11	181	3	2009	Cameroun	Ouest	Fako	04°17.444	09°23.272
MUY12	181	3	2009	Cameroun	Ouest	Fako	04°17.444	09°23.272
MUY13	192	3	2009	Cameroun	Ouest	Fako	04°17.602	09°23.272
MUY14	192	3	2009	Cameroun	Ouest	Fako	04°17.602	09°23.272
MUY15	181	3	2009	Cameroun	Ouest	Fako	04°17.723	09°22.885
MUY16	191	3	2009	Cameroun	Ouest	Fako	04°17.723	09°22.885
MUY17	181	3	2009	Cameroun	Ouest	Fako	04°17.723	09°22.885
MUY18	71	4	2009	Cameroun	Ouest	Fako	04°17.723	09°22.885
MUY19	185	3	2009	Cameroun	Ouest	Fako	04°17.774	09°22.714
MUY2	181	3	2009	Cameroun	Ouest	Fako	04°14.085	09°21.254
MUY20	181	3	2009	Cameroun	Ouest	Fako	04°17.774	09°22.714
MUY21	188	3	2009	Cameroun	Ouest	Fako	04°17.774	09°22.714
MUY22	181	3	2009	Cameroun	Ouest	Fako	04°17.774	09°22.714
MUY23	181	3	2009	Cameroun	Ouest	Fako	04°17.774	09°22.714
MUY24	181	3	2009	Cameroun	Ouest	Fako	04°18.222	09°22.293
MUY25	181	3	2009	Cameroun	Ouest	Fako	04°18.222	09°22.293
MUY26	180	3	2009	Cameroun	Ouest	Fako	04°18.222	09°22.293
MUY27	189	3	2009	Cameroun	Ouest	Fako	04°19.098	09°22.691
MUY28	181	3	2009	Cameroun	Ouest	Fako	04°19.098	09°22.691
MUY29	184	3	2009	Cameroun	Ouest	Fako	04°19.098	09°22.691

MUY3	181	3	2009	Cameroun	Ouest	Fako	04°14.085	09°21.254
MUY30	181	3	2009	Cameroun	Ouest	Fako	04°19.098	09°22.691
MUY31	181	3	2009	Cameroun	Ouest	Fako	04°19.098	09°22.691
MUY32	181	3	2009	Cameroun	Ouest	Fako	04°19.098	09°22.691
MUY33	186	3	2009	Cameroun	Ouest	Fako	04°19.098	09°22.691
MUY34	181	3	2009	Cameroun	Ouest	Fako	04°19.098	09°22.691
MUY35	181	3	2009	Cameroun	Ouest	Fako	04°19.596	09°22.139
MUY36	184	3	2009	Cameroun	Ouest	Fako	04°19.596	09°22.139
MUY37	187	3	2009	Cameroun	Ouest	Fako	04°19.596	09°22.139
MUY38	181	3	2009	Cameroun	Ouest	Fako	04°19.767	09°21.754
MUY39	181	3	2009	Cameroun	Ouest	Fako	04°19.767	09°21.754
MUY4	181	3	2009	Cameroun	Ouest	Fako	04°14.974	09°22.242
MUY40	183	3	2009	Cameroun	Ouest	Fako	04°19.767	09°21.754
MUY41	188	3	2009	Cameroun	Ouest	Fako	04°19.767	09°21.754
MUY42	181	3	2009	Cameroun	Ouest	Fako	04°19.491	09°20.997
MUY43	188	3	2009	Cameroun	Ouest	Fako	04°19.491	09°20.997
MUY45	181	3	2009	Cameroun	Ouest	Fako	04°19.955	09°20.980
MUY47	181	3	2009	Cameroun	Ouest	Fako	04°19.955	09°20.980
MUY48	181	3	2009	Cameroun	Ouest	Fako	04°19.955	09°20.980
MUY49	192	3	2009	Cameroun	Ouest	Fako	04°19.955	09°20.980
MUY50	181	3	2009	Cameroun	Ouest	Fako	04°20.107	09°20.816
MUY52	181	3	2009	Cameroun	Ouest	Fako	04°20.107	09°20.816
MUY53	188	3	2009	Cameroun	Ouest	Fako	04°20.107	09°20.816
MUY54	181	3	2009	Cameroun	Ouest	Fako	04°20.107	09°20.816
MUY55	180	3	2009	Cameroun	Ouest	Fako	04°20.893	09°20.630
MUY58	188	3	2009	Cameroun	Ouest	Fako	04°20.893	09°20.630
MUY59	188	3	2009	Cameroun	Ouest	Fako	04°20.893	09°20.630
MUY6	181	3	2009	Cameroun	Ouest	Fako	04°14.974	09°22.242
MUY61	192	3	2009	Cameroun	Ouest	Fako	04°20.912	09°19.795
MUY62	181	3	2009	Cameroun	Ouest	Fako	04°20.912	09°19.795
MUY63	200	3	2009	Cameroun	Ouest	Fako	04°20.912	09°19.795
MUY64	192	3	2009	Cameroun	Ouest	Fako	04°20.932	09°19.724
MUY66	201	3	2009	Cameroun	Ouest	Fako	04°20.932	09°19.724
MUY67	54	4	2009	Cameroun	Ouest	Fako	04°20.932	09°19.724
MUY68	196	3	2009	Cameroun	Ouest	Fako	04°20.932	09°19.724
MUY69	199	3	2009	Cameroun	Ouest	Fako	04°22.095	09°28.756
MUY7	194	3	2009	Cameroun	Ouest	Fako	04°14.974	09°22.242
MUY70	67	4	2009	Cameroun	Ouest	Fako	04°22.095	09°28.756
MUY71	54	4	2009	Cameroun	Ouest	Fako	04°22.095	09°28.756
MUY72	188	3	2009	Cameroun	Ouest	Fako	04°22.581	09°18.532
MUY73	54	4	2009	Cameroun	Ouest	Fako	04°22.581	09°18.532
MUY74	181	3	2009	Cameroun	Ouest	Fako	04°22.581	09°18.532
MUY75	192	3	2009	Cameroun	Ouest	Fako	04°22.581	09°18.532
MUY76	202	3	2009	Cameroun	Ouest	Fako	04°22.581	09°18.532
MUY77	181	3	2009	Cameroun	Ouest	Fako	04°23.460	09°18.312
MUY78	181	3	2009	Cameroun	Ouest	Fako	04°23.460	09°18.312
MUY79	181	3	2009	Cameroun	Ouest	Fako	04°23.460	09°18.312
MUY80	181	3	2009	Cameroun	Ouest	Fako	04°23.460	09°18.312
MUY81	180	3	2009	Cameroun	Ouest	Fako	04°23.460	09°18.312
MUY82	195	3	2009	Cameroun	Ouest	Fako	04°23.968	09°16.590
MUY84	180	3	2009	Cameroun	Ouest	Fako	04°23.968	09°16.590
NS007	6	2	1989	Cameroun	Ouest	Meme	04°38.226	09°28.248
NS016	54	4	1989	Cameroun	Ouest	Manyu	05°25.021	09°30.020
NS018	76	2	1989	Cameroun	Ouest	Meme	04°42.594	09°29.011

NS020	7	2	1998	Cameroun	Ouest	Ht Nkam	05°09.224	10°01.029
NS027	61	4	1989	Cameroun	Ouest	Mungo	04°30.351	09°32.551
NS039	67	4	1989	Cameroun	Ouest	Meme	05°20.183	09°25.044
NS051	20	2	1989	Cameroun	Ouest	Meme	04°47.167	09°29.103
NS052	44	4	1989	Cameroun	Ouest	Mungo	04°30.351	09°32.551
NS059	21	2	1989	Cameroun	Ouest	Koupé-Manengouba	04°44.424	09°40.132
NS221	8	2	1994	Cameroun	Ouest	Meme	04°38.226	09°28.248
NS232	8	2	1995	Cameroun	Ouest	Meme	04°38.226	09°28.248
NS233	8	2	1995	Cameroun	Ouest	Meme	04°38.226	09°28.248
NS259	209	5	1998	Cameroun	Ouest	Manyu	05°46.064	08°59.018
NS261	7	2	1995	Cameroun	Ouest	Manyu	05°45.149	09°19.055
NS263	7	2	1995	Cameroun	Ouest	Manyu	05°45.149	09°19.055
NS266	54	4	1995	Cameroun	Ouest	Fako	04°12.374	08°59.250
NS267	184	3	1995	Cameroun	Ouest	Fako	04°06.516	08°59.320
NS269	190	3	1995	Cameroun	Ouest	Fako	04°04.003	09°01.597
NS275	54	4	1995	Cameroun	Ouest	Meme	04°32.489	09°04.135
NS309	7	2	1995	Cameroun	Ouest	Meme	04°38.226	09°28.248
NS310	63	2	1996	Cameroun	Ouest	Meme	04°38.226	09°28.248
NS311	7	2	1996	Cameroun	Ouest	Meme	04°38.226	09°28.248
NS312	113	2	1996	Cameroun	Ouest	Meme	04°38.226	09°28.248
NS313	78	4	1996	Cameroun	Ouest	Meme	04°38.226	09°28.248
NS315	54	4	1996	Cameroun	Ouest	Meme	04°38.226	09°28.248
NS319	7	2	1996	Cameroun	Ouest	Meme	04°38.226	09°28.248
NS320	7	2	1996	Cameroun	Ouest	Meme	04°38.226	09°28.248
NS321	7	2	1996	Cameroun	Ouest	Meme	04°38.226	09°28.248
NS322	62	4	1996	Cameroun	Ouest	Meme	04°38.226	09°28.248
NS323	61	4	1996	Cameroun	Ouest	Meme	04°38.226	09°28.248
NS324	54	4	1996	Cameroun	Ouest	Meme	04°38.226	09°28.248
NS331	198	3	1995	Cameroun	Ouest	Fako	04°06.516	08°59.320
NS353	7	2	1996	Cameroun	Ouest	Meme	04°38.226	09°28.248
NS354	54	4	2000	Cameroun	Ouest	Meme	04°38.226	09°28.248
NS355	54	4	2000	Cameroun	Ouest	Meme	04°38.226	09°28.248
NS356	71	4	2000	Cameroun	Ouest	Meme	04°38.226	09°28.248
NS357	54	4	2000	Cameroun	Ouest	Meme	04°38.226	09°28.248
NS358	16	2	2000	Cameroun	Ouest	Meme	04°38.226	09°28.248
NS359	7	2	1996	Cameroun	Ouest	Meme	04°38.226	09°28.248
BIA11	70	4	2008	Cameroun	Savane	Mbam	04°33.032	011°28.583
BIA12	55	4	2008	Cameroun	Savane	Mbam	04°33.032	011°28.583
BIA22	32	4	2008	Cameroun	Savane	Mbam	04°33.032	011°28.583
BIA23	52	4	2008	Cameroun	Savane	Mbam	04°33.032	011°28.583
BOK14	88	2	2008	Cameroun	Savane	Mbam	04°34.093	011°06.596
BOK23	32	4	2008	Cameroun	Savane	Mbam	04°34.093	011°06.596
BOK32	50	4	2008	Cameroun	Savane	Mbam	04°34.093	011°06.596
BOK33	49	4	2008	Cameroun	Savane	Mbam	04°34.093	011°06.596
BOK41	46	4	2008	Cameroun	Savane	Mbam	04°34.093	011°06.596
BOK42	32	4	2008	Cameroun	Savane	Mbam	04°34.093	011°06.596
BOK52	50	4	2008	Cameroun	Savane	Mbam	04°34.093	011°06.596
BOK53	32	4	2008	Cameroun	Savane	Mbam	04°34.093	011°06.596
BOK64	32	4	2008	Cameroun	Savane	Mbam	04°34.093	011°06.596
BOK65	32	4	2008	Cameroun	Savane	Mbam	04°34.093	011°06.596
BOKCO8	66	4	2008	Cameroun	Savane	Mbam	04°34.093	011°06.596
BOKCO9	32	4	2008	Cameroun	Savane	Mbam	04°34.093	011°06.596
BOKSOL21	32	4	2008	Cameroun	Savane	Mbam	04°34.093	011°06.596
MC28	90	4	2007	Cameroun	Savane	Mbam	04°34.093	011°06.596

MC30	33	4	2007	Cameroun	Savane	Mbam	04°34.093	011°06.596
MC32	32	4	2007	Cameroun	Savane	Mbam	04°34.093	011°06.596
MC33	33	4	2007	Cameroun	Savane	Mbam	04°34.093	011°06.596
MC35	32	4	2007	Cameroun	Savane	Mbam	04°34.093	011°06.596
MC36	106	4	2007	Cameroun	Savane	Mbam	04°34.093	011°06.596
MC38	46	4	2007	Cameroun	Savane	Mbam	04°34.093	011°06.596
MC39	22	4	2007	Cameroun	Savane	Mbam	04°34.093	011°06.596
MC40	32	4	2007	Cameroun	Savane	Mbam	04°34.093	011°06.596
MC41	32	4	2007	Cameroun	Savane	Mbam	04°34.093	011°06.596
MC43	33	4	2007	Cameroun	Savane	Mbam	04°34.093	011°06.596
MC44	32	4	2007	Cameroun	Savane	Mbam	04°34.093	011°06.596
MC45	32	4	2007	Cameroun	Savane	Mbam	04°34.093	011°06.596
MC46	33	4	2007	Cameroun	Savane	Mbam	04°34.093	011°06.596
MC47	33	4	2007	Cameroun	Savane	Mbam	04°34.093	011°06.596
MC48	32	4	2007	Cameroun	Savane	Mbam	04°34.093	011°06.596
MC49	85	2	2007	Cameroun	Savane	Mbam	04°34.093	011°06.596
NS048	32	4	1986	Cameroun	Savane	Mbam	04°36.011	11°44.582
NS060	175	1	1986	Cameroun	Savane	Nde	04°58.114	10°41.456
NS1028	32	4	2005	Cameroun	Savane	Mbam	04°34.093	011°06.596
NS1034	32	4	2005	Cameroun	Savane	Mbam	04°34.093	011°06.596
NS1114	32	4	2005	Cameroun	Savane	Mbam	04°34.093	011°06.596
NS1245	51	4	2005	Cameroun	Savane	Mbam	04°34.093	011°06.596
NS1350	32	4	2005	Cameroun	Savane	Mbam	04°34.093	011°06.596
NS1351	32	4	2005	Cameroun	Savane	Mbam	04°34.093	011°06.596
NS1352	32	4	2005	Cameroun	Savane	Mbam	04°34.093	011°06.596
NS1353	32	4	2005	Cameroun	Savane	Mbam	04°34.093	011°06.596
NS1354	32	4	2005	Cameroun	Savane	Mbam	04°34.093	011°06.596
NS1355	32	4	2005	Cameroun	Savane	Mbam	04°34.093	011°06.596
NS1356	32	4	2005	Cameroun	Savane	Mbam	04°34.093	011°06.596
NS1357	32	4	2005	Cameroun	Savane	Mbam	04°34.093	011°06.596
NS1358	32	4	2005	Cameroun	Savane	Mbam	04°34.093	011°06.596
NS1359	46	4	2005	Cameroun	Savane	Mbam	04°34.093	011°06.596
NS1360	32	4	2005	Cameroun	Savane	Mbam	04°34.093	011°06.596
NS1361	46	4	2005	Cameroun	Savane	Mbam	04°34.093	011°06.596
NS1362	32	4	2005	Cameroun	Savane	Mbam	04°34.093	011°06.596
NS1363	32	4	2005	Cameroun	Savane	Mbam	04°34.093	011°06.596
NS225	49	4	1994	Cameroun	Savane	Mbam	04°26.421	011°37.298
NS229	8	2	1994	Cameroun	Savane	Nde	04°58.114	10°41.456
NS238	5	2	1995	Cameroun	Savane	Mbam	04°26.421	011°37.298
NS240	49	4	1995	Cameroun	Savane	Mbam	04°33.096	011°23.237
NS241	32	4	1995	Cameroun	Savane	Mbam	04°33.096	011°23.237
NS242	64	4	1995	Cameroun	Savane	Mbam	04°33.096	011°23.237
NS243	53	4	1995	Cameroun	Savane	Mbam	04°33.096	011°23.237
NS246	32	4	1995	Cameroun	Savane	Mbam	04°36.011	11°44.582
NS248	54	4	1995	Cameroun	Savane	Mbam	04°49.333	011°03.357
NS249	67	4	1995	Cameroun	Savane	Mbam	04°49.333	011°03.357
NS254	32	4	1995	Cameroun	Savane	Mbam	04°34.093	011°06.596
NS256	49	4	1995	Cameroun	Savane	Mbam	04°49.470	011°08.564
NS337	39	4	1999	Cameroun	Savane	Mbam	04°33.032	011°28.583
NS339	32	4	1999	Cameroun	Savane	Mbam	04°33.032	011°28.583
NS340	40	2	1999	Cameroun	Savane	Mbam	04°33.032	011°28.583
NS864	34	4	2004	Cameroun	Savane	Mbam	04°34.093	011°06.596
NS870	32	4	2004	Cameroun	Savane	Mbam	04°34.428	011°28.264
NS871	11	2	2004	Cameroun	Savane	Mbam	04°34.428	011°28.264

NS873	26	2	2005	Cameroun	Savane	Mbam	04°34.093	011°06.596
NS874	26	2	2005	Cameroun	Savane	Mbam	04°34.093	011°06.596
NS875	26	2	2005	Cameroun	Savane	Mbam	04°34.093	011°06.596
NS876	26	2	2005	Cameroun	Savane	Mbam	04°34.093	011°06.596
NS877	26	2	2005	Cameroun	Savane	Mbam	04°34.093	011°06.596
NS901	26	2	2005	Cameroun	Savane	Mbam	04°34.093	011°06.596
NS902	41	2	2005	Cameroun	Savane	Mbam	04°34.093	011°06.596
NS903	26	2	2005	Cameroun	Savane	Mbam	04°34.093	011°06.596
NS944	32	4	2005	Cameroun	Savane	Mbam	04°34.093	011°06.596
NS956	99	4	2005	Cameroun	Savane	Mbam	04°34.093	011°06.596
NS958	32	4	2005	Cameroun	Savane	Mbam	04°34.428	011°28.264
NS959	32	4	2005	Cameroun	Savane	Mbam	04°34.428	011°28.264
NS999	176	1	2005	Cameroun	Savane	Mbam	04°34.093	011°06.596
TAL12	65	4	2008	Cameroun	Savane	Mbam	04°34.428	011°28.264
TAL13	33	4	2008	Cameroun	Savane	Mbam	04°34.428	011°28.264
TAL21	32	4	2008	Cameroun	Savane	Mbam	04°34.428	011°28.264
TAL25	22	4	2008	Cameroun	Savane	Mbam	04°34.428	011°28.264
TAL31	60	4	2008	Cameroun	Savane	Mbam	04°34.428	011°28.264
TAL34	74	4	2008	Cameroun	Savane	Mbam	04°34.428	011°28.264
TAL41	97	4	2008	Cameroun	Savane	Mbam	04°34.428	011°28.264
TAL42	60	4	2008	Cameroun	Savane	Mbam	04°34.428	011°28.264
AKON1	5	2	2009	Cameroun	Forêt	Mefou et Akono	03°29.340	011°19.052
AKON2	87	2	2009	Cameroun	Forêt	Mefou et Akono	03°26.600	011°17.506
AKON3	87	2	2009	Cameroun	Forêt	Mefou et Akono	03°26.600	011°17.506
AKON4	87	2	2009	Cameroun	Forêt	Mefou et Akono	03°26.600	011°17.506
AKON5	87	2	2009	Cameroun	Forêt	Mefou et Akono	03°26.600	011°17.506
AKON6	87	2	2009	Cameroun	Forêt	Mefou et Akono	03°26.600	011°17.506
IRAD	48	4	2008	Cameroun	Forêt	Mfoundi	03°51.533	011°27.362
M184	82	2	1987	Cameroun	Forêt	Mfoundi	03°51.393	011°27.197
M309	35	4	1987	Cameroun	Forêt	Lékié	04°04.137	11°25.577
MBA12	5	2	2008	Cameroun	Forêt	Mefou et Akono	03°47.418	011°22.576
MBA14	12	2	2008	Cameroun	Forêt	Mefou et Akono	03°47.418	011°22.576
MBA21	5	2	2008	Cameroun	Forêt	Mefou et Akono	03°47.509	011°23.106
MBA42	5	2	2008	Cameroun	Forêt	Mefou et Akono	03°48.204	011°23.257
MBA46	5	2	2008	Cameroun	Forêt	Mefou et Akono	03°48.204	011°23.257
MBA51	12	2	2008	Cameroun	Forêt	Mefou et Akono	03°48.409	011°23.347
MBA52	5	2	2008	Cameroun	Forêt	Mefou et Akono	03°48.409	011°23.347
MBA62	5	2	2008	Cameroun	Forêt	Mefou et Akono	03°48.392	011°23.519
MBK1	5	2	2009	Cameroun	Forêt	Mefou et Akono	03°44.975	011°24.113
MBK10	33	4	2009	Cameroun	Forêt	Mefou et Akono	03°31.833	011°18.778
MBK11	17	2	2009	Cameroun	Forêt	Mefou et Akono	03°31.833	011°18.778
MBK12	5	2	2009	Cameroun	Forêt	Mefou et Akono	03°31.833	011°18.778
MBK13	5	2	2009	Cameroun	Forêt	Mefou et Akono	03°31.833	011°18.778
MBK14	5	2	2009	Cameroun	Forêt	Mefou et Akono	03°31.833	011°18.778
MBK2	5	2	2009	Cameroun	Forêt	Mefou et Akono	03°44.975	011°24.113
MBK3	5	2	2009	Cameroun	Forêt	Mefou et Akono	03°44.975	011°24.113
MBK4	5	2	2009	Cameroun	Forêt	Mefou et Akono	03°42.940	011°22.826
MBK5	5	2	2009	Cameroun	Forêt	Mefou et Akono	03°42.940	011°22.826
MBK6	5	2	2009	Cameroun	Forêt	Mefou et Akono	03°42.940	011°22.826
MBK7	5	2	2009	Cameroun	Forêt	Mefou et Akono	03°42.940	011°22.826
MBK8	160	2	2009	Cameroun	Forêt	Mefou et Akono	03°34.322	011°18.057
MBK9	179	1	2009	Cameroun	Forêt	Mefou et Akono	03°34.322	011°18.057
MC1	35	4	2007	Cameroun	Forêt	Nyong et So	03°16.324	011°13.111
MC10	90	4	2007	Cameroun	Forêt	Nyong et So	03°16.324	011°13.111

MC11	90	4	2007	Cameroun	Forêt	Nyong et So	03°16.324	011°13.111
MC12	90	4	2007	Cameroun	Forêt	Nyong et So	03°16.324	011°13.111
MC13	90	4	2007	Cameroun	Forêt	Nyong et So	03°16.324	011°13.111
MC14	90	4	2007	Cameroun	Forêt	Nyong et So	03°16.324	011°13.111
MC15	90	4	2007	Cameroun	Forêt	Nyong et So	03°16.324	011°13.111
MC16	90	4	2007	Cameroun	Forêt	Nyong et So	03°16.324	011°13.111
MC17	90	4	2007	Cameroun	Forêt	Nyong et So	03°16.324	011°13.111
MC19	90	4	2007	Cameroun	Forêt	Nyong et So	03°16.324	011°13.111
MC2	11	2	2007	Cameroun	Forêt	Nyong et So	03°16.324	011°13.111
MC20	90	4	2007	Cameroun	Forêt	Nyong et So	03°16.324	011°13.111
MC21	92	4	2007	Cameroun	Forêt	Nyong et So	03°16.324	011°13.111
MC22	92	4	2007	Cameroun	Forêt	Nyong et So	03°16.324	011°13.111
MC23	90	4	2007	Cameroun	Forêt	Nyong et So	03°16.324	011°13.111
MC24	90	4	2007	Cameroun	Forêt	Nyong et So	03°16.324	011°13.111
MC26	90	4	2007	Cameroun	Forêt	Nyong et So	03°16.324	011°13.111
MC3	90	4	2007	Cameroun	Forêt	Nyong et So	03°16.324	011°13.111
MC4	90	4	2007	Cameroun	Forêt	Nyong et So	03°16.324	011°13.111
MC5	90	4	2007	Cameroun	Forêt	Nyong et So	03°16.324	011°13.111
MC50	92	4	2007	Cameroun	Forêt	Nyong et So	03°16.324	011°13.111
MC51	90	4	2007	Cameroun	Forêt	Nyong et So	03°16.324	011°13.111
MC52	90	4	2007	Cameroun	Forêt	Nyong et So	03°16.324	011°13.111
MC53	90	4	2007	Cameroun	Forêt	Nyong et So	03°16.324	011°13.111
MC54	92	4	2007	Cameroun	Forêt	Nyong et So	03°16.324	011°13.111
MC55	90	4	2007	Cameroun	Forêt	Nyong et So	03°16.324	011°13.111
MC56	90	4	2007	Cameroun	Forêt	Nyong et So	03°16.324	011°13.111
MC59	90	4	2007	Cameroun	Forêt	Nyong et So	03°16.324	011°13.111
MC6	90	4	2007	Cameroun	Forêt	Nyong et So	03°16.324	011°13.111
MC60	90	4	2007	Cameroun	Forêt	Nyong et So	03°16.324	011°13.111
MC61	90	4	2007	Cameroun	Forêt	Nyong et So	03°16.324	011°13.111
MC62	90	4	2007	Cameroun	Forêt	Nyong et So	03°16.324	011°13.111
MC63	92	4	2007	Cameroun	Forêt	Nyong et So	03°16.324	011°13.111
MC65	90	4	2007	Cameroun	Forêt	Nyong et So	03°16.324	011°13.111
MC66	90	4	2007	Cameroun	Forêt	Nyong et So	03°16.324	011°13.111
MC67	90	4	2007	Cameroun	Forêt	Nyong et So	03°16.324	011°13.111
MC68	92	4	2007	Cameroun	Forêt	Nyong et So	03°16.324	011°13.111
MC69	90	4	2007	Cameroun	Forêt	Nyong et So	03°16.324	011°13.111
MC7	92	4	2007	Cameroun	Forêt	Nyong et So	03°16.324	011°13.111
MC70	90	4	2007	Cameroun	Forêt	Nyong et So	03°16.324	011°13.111
MC71	90	4	2007	Cameroun	Forêt	Nyong et So	03°16.324	011°13.111
MC72	90	4	2007	Cameroun	Forêt	Nyong et So	03°16.324	011°13.111
MC73	90	4	2007	Cameroun	Forêt	Nyong et So	03°16.324	011°13.111
MC74	90	4	2007	Cameroun	Forêt	Nyong et So	03°16.324	011°13.111
MC76	90	4	2007	Cameroun	Forêt	Nyong et So	03°16.324	011°13.111
MC77	92	4	2007	Cameroun	Forêt	Nyong et So	03°16.324	011°13.111
MC8	90	4	2007	Cameroun	Forêt	Nyong et So	03°16.324	011°13.111
MC9	90	4	2007	Cameroun	Forêt	Nyong et So	03°16.324	011°13.111
MON11	32	4	1998	Cameroun	Forêt	Lékié	04°12.191	11°20.456
MON12	32	4	2008	Cameroun	Forêt	Lékié	04°12.191	11°20.456
MON21	32	4	2008	Cameroun	Forêt	Lékié	04°14.598	11°15.249
MON25	5	2	1998	Cameroun	Forêt	Lékié	04°14.598	11°15.249
MON31	5	2	1998	Cameroun	Forêt	Lékié	04°15.570	11°15.440
MON32	5	2	2008	Cameroun	Forêt	Lékié	04°15.570	11°15.440
MON41	32	4	1998	Cameroun	Forêt	Lékié	04°16.115	11°17.234
MON42	32	4	2008	Cameroun	Forêt	Lékié	04°16.115	11°17.234

MVE1	81	2	2009	Cameroun	Forêt	Océan	03°16.331	011°04.711
MVE10	124	1	2009	Cameroun	Forêt	Océan	03°16.687	010°55.340
MVE11	150	1	2009	Cameroun	Forêt	Océan	03°16.687	010°55.340
MVE12	136	1	2009	Cameroun	Forêt	Océan	03°16.705	010°54.592
MVE14	139	1	2009	Cameroun	Forêt	Océan	03°16.705	010°54.592
MVE15	140	1	2009	Cameroun	Forêt	Océan	03°16.705	010°54.592
MVE2	90	4	2009	Cameroun	Forêt	Océan	03°16.331	011°04.711
MVE3	90	4	2009	Cameroun	Forêt	Océan	03°16.331	011°04.711
MVE4	91	4	2009	Cameroun	Forêt	Océan	03°16.331	011°04.711
MVE5	135	1	2009	Cameroun	Forêt	Océan	03°16.703	010°57.557
MVE6	126	1	2009	Cameroun	Forêt	Océan	03°16.703	010°57.557
MVE7	121	1	2009	Cameroun	Forêt	Océan	03°16.703	010°57.557
MVE8	116	1	2009	Cameroun	Forêt	Océan	03°16.703	010°57.557
MVE9	116	1	2009	Cameroun	Forêt	Océan	03°16.703	010°57.557
NGO12	96	4	2008	Cameroun	Forêt	Nyong et So	03°15.574	011°13.169
NGO13	90	4	2008	Cameroun	Forêt	Nyong et So	03°15.574	011°13.169
NGO21	90	4	2008	Cameroun	Forêt	Nyong et So	03°15.408	011°12.559
NGO25	94	4	2008	Cameroun	Forêt	Nyong et So	03°15.408	011°12.559
NGO31	91	4	2008	Cameroun	Forêt	Nyong et So	03°15.408	011°12.559
NGO32	90	4	2008	Cameroun	Forêt	Nyong et So	03°15.408	011°12.559
NGO41	95	4	2008	Cameroun	Forêt	Nyong et So	03°15.579	011°12.258
NGO44	90	4	2008	Cameroun	Forêt	Nyong et So	03°15.579	011°12.258
NGO51	147	1	2008	Cameroun	Forêt	Nyong et So	03°15.385	011°12.986
NGO55	118	1	2008	Cameroun	Forêt	Nyong et So	03°15.385	011°12.986
NGO61	118	1	2008	Cameroun	Forêt	Nyong et So	03°15.279	011°10.118
NGO62	125	1	2008	Cameroun	Forêt	Nyong et So	03°15.279	011°10.118
NGO71	93	4	2008	Cameroun	Forêt	Nyong et So	03°15.279	011°10.118
NGO75	91	4	2008	Cameroun	Forêt	Nyong et So	03°15.279	011°10.118
NGO81	118	1	2008	Cameroun	Forêt	Nyong et So	03°15.279	011°10.118
NGO82	149	1	2008	Cameroun	Forêt	Nyong et So	03°15.279	011°10.118
NGOM1	111	2	2009	Cameroun	Forêt	Nyong et So	03°22.014	011°13.141
NGOM2	158	1	2009	Cameroun	Forêt	Nyong et So	03°15.982	011°07.740
NGOM3	121	1	2009	Cameroun	Forêt	Nyong et So	03°15.982	011°07.740
NGOM4	116	1	2009	Cameroun	Forêt	Nyong et So	03°15.982	011°07.740
NGOM5	132	1	2009	Cameroun	Forêt	Nyong et So	03°15.982	011°07.740
NS002	5	2	1989	Cameroun	Forêt	Mefou et Akono	03°38.313	11°31.549
NS024	1	2	1986	Cameroun	Forêt	Lékié	04°16.341	11°16.341
NS046	2	2	1991	Cameroun	Forêt	Lékié	04°05.141	11°12.049
NS063	124	1	1990	Cameroun	Forêt	Nyong et So	03°31.271	011°32.436
NS122	2	2	1990	Cameroun	Forêt	Lékié	04°00.311	11°24.432
NS124	10	2	1990	Cameroun	Forêt	Lékié	04°14.115	11°37.013
NS203	178	1	1994	Cameroun	Forêt	Mfoundi	03°51.393	011°27.197
NS222	118	1	1994	Cameroun	Forêt	Mvila	03°11.546	011°13.161
NS840	5	2	2002	Cameroun	Forêt	Mefou et Akono	03°47.587	011°25.418
NS872	26	2	2004	Cameroun	Forêt	Lékié	04°03.487	11°28.009
NS904	5	2	2005	Cameroun	Forêt	Mfoundi	03°51.393	011°27.197
NS905	2	2	2005	Cameroun	Forêt	Mfoundi	03°51.393	011°27.197
NS906	6	2	2005	Cameroun	Forêt	Mfoundi	03°51.393	011°27.197
NS943	11	2	2005	Cameroun	Forêt	Lékié	04°06.347	11°26.224
NS957	46	4	2005	Cameroun	Forêt	Lékié	04°06.347	11°26.224
OB11	5	2	2008	Cameroun	Forêt	Lékié	04°05.580	11°33.431
OB12	5	2	2008	Cameroun	Forêt	Lékié	04°05.580	11°33.431
OB22	5	2	2008	Cameroun	Forêt	Lékié	04°04.101	11°30.144
OB23	5	2	2008	Cameroun	Forêt	Lékié	04°04.101	11°30.144

OB31	32	4	2008	Cameroun	Forêt	Lékié	04°03.487	11°28.009
OB32	32	4	2008	Cameroun	Forêt	Lékié	04°03.487	11°28.009
OB41	5	2	2008	Cameroun	Forêt	Lékié	04°06.347	11°26.224
OB51	22	4	2008	Cameroun	Forêt	Lékié	04°09.444	11°23.290
OB52	5	2	2008	Cameroun	Forêt	Lékié	04°09.444	11°23.290
OBAK12	5	2	2008	Cameroun	Forêt	Lékié	04°00.503	11°26.427
OBAK13	5	2	2008	Cameroun	Forêt	Lékié	04°00.503	11°26.427
OBASOL12	23	4	2008	Cameroun	Forêt	Lékié	04°02.599	11°28.124
OBASOL54	117	1	2008	Cameroun	Forêt	Lékié	04°08.567	11°23.490
BIPI1	157	1	2009	Cameroun	Littoral	Océan	03°08.559	010°30.560
BIPI11	5	2	2009	Cameroun	Littoral	Océan	03°05.007	010°25.224
BIPI12	5	2	2009	Cameroun	Littoral	Océan	03°05.007	010°25.224
BIPI13	7	2	2009	Cameroun	Littoral	Océan	03°05.007	010°25.224
BIPI14	5	2	2009	Cameroun	Littoral	Océan	03°02.300	010°23.954
BIPI15	120	1	2009	Cameroun	Littoral	Océan	03°02.300	010°23.954
BIPI16	120	1	2009	Cameroun	Littoral	Océan	03°02.300	010°23.954
BIPI17	43	2	2009	Cameroun	Littoral	Océan	03°02.300	010°23.954
BIPI181	84	2	2009	Cameroun	Littoral	Océan	03°02.726	010°20.313
BIPI182	127	1	2009	Cameroun	Littoral	Océan	03°03.286	010°18.463
BIPI19	118	1	2009	Cameroun	Littoral	Océan	03°03.262	010°16.202
BIPI2	5	2	2009	Cameroun	Littoral	Océan	03°08.559	010°30.560
BIPI20	5	2	2009	Cameroun	Littoral	Océan	03°03.262	010°16.202
BIPI21	5	2	2009	Cameroun	Littoral	Océan	03°03.262	010°16.202
BIPI22	3	2	2009	Cameroun	Littoral	Océan	03°03.262	010°16.202
BIPI3	83	2	2009	Cameroun	Littoral	Océan	03°08.559	010°30.560
BIPI4	5	2	2009	Cameroun	Littoral	Océan	03°08.559	010°30.560
BIPI5	146	1	2009	Cameroun	Littoral	Océan	03°08.559	010°30.560
BIPI61	2	2	2009	Cameroun	Littoral	Océan	03°07.471	010°29.052
BIPI62	5	2	2009	Cameroun	Littoral	Océan	03°07.471	010°29.052
BIPI7	28	2	2009	Cameroun	Littoral	Océan	03°07.471	010°29.052
BIPI8	28	2	2009	Cameroun	Littoral	Océan	03°07.471	010°29.052
BIPI9	5	2	2009	Cameroun	Littoral	Océan	03°05.007	010°25.224
EZK1	181	3	2009	Cameroun	Littoral	Nyong et kéllé	03°38.177	010°46.243
EZK10	5	2	2009	Cameroun	Littoral	Nyong et kéllé	03°32.069	010°42.987
EZK2	5	2	2009	Cameroun	Littoral	Nyong et kéllé	03°38.177	010°46.243
EZK3	5	2	2009	Cameroun	Littoral	Nyong et kéllé	03°38.177	010°46.243
EZK4	5	2	2009	Cameroun	Littoral	Nyong et kéllé	03°38.177	010°46.243
EZK5	3	2	2009	Cameroun	Littoral	Nyong et kéllé	03°38.385	010°45.590
EZK6	181	3	2009	Cameroun	Littoral	Nyong et kéllé	03°38.385	010°45.590
EZK7	182	3	2009	Cameroun	Littoral	Nyong et kéllé	03°35.851	010°44.749
EZK8	5	2	2009	Cameroun	Littoral	Nyong et kéllé	03°32.069	010°42.987
EZK9	5	2	2009	Cameroun	Littoral	Nyong et kéllé	03°32.069	010°42.987
LOLO1	5	2	2009	Cameroun	Littoral	Océan	03°27.962	010°46.045
LOLO10	119	1	2009	Cameroun	Littoral	Océan	03°21.021	010°45.428
LOLO12	14	2	2009	Cameroun	Littoral	Océan	03°16.450	010°44.919
LOLO13	5	2	2009	Cameroun	Littoral	Océan	03°14.028	010°42.205
LOLO14	120	1	2009	Cameroun	Littoral	Océan	03°14.028	010°42.205
LOLO15	131	1	2009	Cameroun	Littoral	Océan	03°14.028	010°42.205
LOLO16	126	1	2009	Cameroun	Littoral	Océan	03°14.028	010°42.205
LOLO17	118	1	2009	Cameroun	Littoral	Océan	03°13.660	010°38.062
LOLO18	174	4	2009	Cameroun	Littoral	Océan	03°13.660	010°38.062
LOLO19	118	1	2009	Cameroun	Littoral	Océan	03°13.660	010°38.062
LOLO2	5	2	2009	Cameroun	Littoral	Océan	03°27.962	010°46.045
LOLO20	118	1	2009	Cameroun	Littoral	Océan	03°12.601	010°35.811

LOLO23	110	4	2009	Cameroun	Littoral	Océan	03°12.601	010°35.811
LOLO24	110	4	2009	Cameroun	Littoral	Océan	03°11.113	010°34.120
LOLO25	152	1	2009	Cameroun	Littoral	Océan	03°11.113	010°34.120
LOLO26	151	1	2009	Cameroun	Littoral	Océan	03°11.113	010°34.120
LOLO27	125	1	2009	Cameroun	Littoral	Océan	03°11.113	010°34.120
LOLO28	125	1	2009	Cameroun	Littoral	Océan	03°10.154	010°32.637
LOLO29	7	2	2009	Cameroun	Littoral	Océan	03°10.154	010°32.637
LOLO3	5	2	2009	Cameroun	Littoral	Océan	03°27.962	010°46.045
LOLO30	19	2	2009	Cameroun	Littoral	Océan	03°10.154	010°32.637
LOLO31	151	1	2009	Cameroun	Littoral	Océan	03°10.154	010°32.637
LOLO4	5	2	2009	Cameroun	Littoral	Océan	03°28.113	010°46.303
LOLO5	5	2	2009	Cameroun	Littoral	Océan	03°28.113	010°46.303
LOLO6	5	2	2009	Cameroun	Littoral	Océan	03°28.113	010°46.303
LOLO7	3	2	2009	Cameroun	Littoral	Océan	03°28.113	010°46.303
LOLO8	5	2	2009	Cameroun	Littoral	Océan	03°28.113	010°46.303
LOLO9	14	2	2009	Cameroun	Littoral	Océan	03°21.021	010°45.428
NS010	5	2	1991	Cameroun	Littoral	Nyong et séllé	03°59.460	010°56.473
NS065	20	2	1990	Cameroun	Littoral	Océan	03°13.404	010°39.464
NS069	110	4	1990	Cameroun	Littoral	Océan	03°13.091	010°36.216
NS101	80	2	1998	Cameroun	Littoral	Sanaga-Maritime	03°46.471	09°58.376
NS105	156	1	1990	Cameroun	Littoral	Nyong et séllé	03°52.589	10°36.578
NS107	5	2	1990	Cameroun	Littoral	Nyong et séllé	03°38.177	010°46.243
NS109	154	1	1990	Cameroun	Littoral	Nyong et séllé	03°49.199	011°04.191
NS110	5	2	1990	Cameroun	Littoral	Nyong et séllé	03°56.000	010°51.000
NS208	15	2	1998	Cameroun	Littoral	Nyong et séllé	03°52.589	10°36.578
AKM1	9	2	2009	Cameroun	Sud	Océan	02°48.757	010°39.668
AKM10	11	2	2009	Cameroun	Sud	Océan	02°47.353	010°26.150
AKM11	5	2	2009	Cameroun	Sud	Océan	02°47.353	010°26.150
AKM12	28	2	2009	Cameroun	Sud	Océan	02°47.353	010°26.150
AKM13	5	2	2009	Cameroun	Sud	Océan	02°48.490	010°24.324
AKM15	28	2	2009	Cameroun	Sud	Océan	02°48.490	010°24.324
AKM16	5	2	2009	Cameroun	Sud	Océan	02°48.490	010°24.324
AKM17	28	2	2009	Cameroun	Sud	Océan	02°48.490	010°24.324
AKM18	5	2	2009	Cameroun	Sud	Océan	02°48.490	010°24.324
AKM19	5	2	2009	Cameroun	Sud	Océan	02°48.490	010°24.324
AKM3	2	2	2009	Cameroun	Sud	Océan	02°48.757	010°39.668
AKM4	5	2	2009	Cameroun	Sud	Océan	02°48.666	010°33.655
AKM5	5	2	2009	Cameroun	Sud	Océan	02°48.666	010°33.655
AKM6	11	2	2009	Cameroun	Sud	Océan	02°48.666	010°33.655
AKM7	5	2	2009	Cameroun	Sud	Océan	02°48.666	010°33.655
AKM8	5	2	2009	Cameroun	Sud	Océan	02°48.666	010°33.655
AKM9	5	2	2009	Cameroun	Sud	Océan	02°47.353	010°26.150
AMBA11	118	1	2008	Cameroun	Sud	Vallée du Ntem	02°23.217	011°16.163
AMBA12	5	2	2008	Cameroun	Sud	Vallée du Ntem	02°23.217	011°16.163
AMBA21	118	1	2008	Cameroun	Sud	Vallée du Ntem	02°26.113	011°13.155
AMBA22	121	1	2008	Cameroun	Sud	Vallée du Ntem	02°26.113	011°13.155
AMBA31	118	1	2008	Cameroun	Sud	Vallée du Ntem	02°28.287	011°10.551
AMBA33	122	1	2008	Cameroun	Sud	Vallée du Ntem	02°28.287	011°10.551
AMBA35	118	1	2008	Cameroun	Sud	Vallée du Ntem	02°28.287	011°10.551
AMBA36	120	1	2008	Cameroun	Sud	Vallée du Ntem	02°28.287	011°10.551
AMBA41	5	2	2008	Cameroun	Sud	Vallée du Ntem	02°31.003	011°08.178
AMBA44	5	2	2008	Cameroun	Sud	Vallée du Ntem	02°31.003	011°08.178
AMBA51	118	1	2008	Cameroun	Sud	Vallée du Ntem	02°31.399	011°03.537
AMBA52	116	1	2008	Cameroun	Sud	Vallée du Ntem	02°31.399	011°03.537

AMBA54	118	1	2008	Cameroun	Sud	Vallée du Ntem	02°31.399	011°03.537
AMBA61	5	2	2008	Cameroun	Sud	Vallée du Ntem	02°33.455	011°01.505
AMBA62	5	2	2008	Cameroun	Sud	Vallée du Ntem	02°33.455	011°01.505
AMBA71	118	1	2008	Cameroun	Sud	Vallée du Ntem	02°37.048	011°02.438
AMBA73	118	1	2008	Cameroun	Sud	Vallée du Ntem	02°37.048	011°02.438
AMBA83	130	1	2008	Cameroun	Sud	Vallée du Ntem	02°40.352	011°04.154
AMBA84	122	1	2008	Cameroun	Sud	Vallée du Ntem	02°40.352	011°04.154
AMBA86	121	1	2008	Cameroun	Sud	Vallée du Ntem	02°40.352	011°04.154
EBOL1	5	2	2009	Cameroun	Sud	Mvila	02°52.808	011°05.502
EBOL10	116	1	2009	Cameroun	Sud	Mvila	02°50.280	010°56.876
EBOL11	118	1	2009	Cameroun	Sud	Mvila	02°50.280	010°56.876
EBOL13	118	1	2009	Cameroun	Sud	Mvila	02°47.906	010°55.205
EBOL14	118	1	2009	Cameroun	Sud	Mvila	02°47.906	010°55.205
EBOL15	89	4	2009	Cameroun	Sud	Mvila	02°48.680	010°50.619
EBOL16	5	2	2009	Cameroun	Sud	Mvila	02°48.680	010°50.619
EBOL17	5	2	2009	Cameroun	Sud	Mvila	02°48.680	010°50.619
EBOL18	5	2	2009	Cameroun	Sud	Mvila	02°48.680	010°50.619
EBOL19	5	2	2009	Cameroun	Sud	Mvila	02°48.680	010°50.619
EBOL2	4	2	2009	Cameroun	Sud	Mvila	02°52.808	011°05.502
EBOL20	25	2	2009	Cameroun	Sud	Mvila	02°48.165	010°47.752
EBOL21	5	2	2009	Cameroun	Sud	Mvila	02°48.165	010°47.752
EBOL22	9	2	2009	Cameroun	Sud	Mvila	02°48.165	010°47.752
EBOL23	9	2	2009	Cameroun	Sud	Mvila	02°48.165	010°47.752
EBOL24	9	2	2009	Cameroun	Sud	Mvila	02°48.165	010°47.752
EBOL3	31	2	2009	Cameroun	Sud	Mvila	02°52.808	011°05.502
EBOL5	111	2	2009	Cameroun	Sud	Mvila	02°51.518	011°01.845
EBOL51	118	1	2009	Cameroun	Sud	Mvila	02°51.518	011°01.845
EBOL6	121	1	2009	Cameroun	Sud	Mvila	02°51.518	011°01.845
EBOL7	89	4	2009	Cameroun	Sud	Mvila	02°50.566	010°57.041
EBOL8	111	2	2009	Cameroun	Sud	Mvila	02°50.280	010°56.876
EBOL9	121	1	2009	Cameroun	Sud	Mvila	02°50.280	010°56.876
EBW11	118	1	2008	Cameroun	Sud	Ntem	02°43.495	011°03.420
EBW12	116	1	2008	Cameroun	Sud	Ntem	02°43.495	011°03.420
EBW21	128	1	2008	Cameroun	Sud	Ntem	02°45.515	011°05.256
EBW22	121	1	2008	Cameroun	Sud	Ntem	02°45.515	011°05.256
EBW33	29	2	2008	Cameroun	Sud	Ntem	02°47.329	011°07.058
EBW34	5	2	2008	Cameroun	Sud	Ntem	02°47.329	011°07.058
EBW41	12	2	2008	Cameroun	Sud	Ntem	02°49.188	011°08.133
EBW43	5	2	2008	Cameroun	Sud	Ntem	02°49.188	011°08.133
EBW51	37	4	2008	Cameroun	Sud	Ntem	02°49.545	011°08.318
EBW55	37	4	2008	Cameroun	Sud	Ntem	02°49.545	011°08.318
EFOU1	108	4	2009	Cameroun	Sud	Mvila	03°11.170	010°50.036
EFOU10	120	1	2009	Cameroun	Sud	Mvila	03°07.237	010°51.788
EFOU14	107	4	2009	Cameroun	Sud	Mvila	03°04.909	010°52.586
EFOU15	107	4	2009	Cameroun	Sud	Mvila	03°04.909	010°52.586
EFOU16	161	1	2009	Cameroun	Sud	Mvila	03°04.909	010°52.586
EFOU17	109	4	2009	Cameroun	Sud	Mvila	03°04.909	010°52.586
EFOU19	114	4	2009	Cameroun	Sud	Mvila	02°59.830	010°55.448
EFOU2	159	4	2009	Cameroun	Sud	Mvila	03°11.170	010°50.036
EFOU20	116	1	2009	Cameroun	Sud	Mvila	02°59.830	010°55.448
EFOU21	116	1	2009	Cameroun	Sud	Mvila	02°59.830	010°55.448
EFOU22	116	1	2009	Cameroun	Sud	Mvila	02°59.830	010°55.448
EFOU23	173	4	2009	Cameroun	Sud	Mvila	02°57.917	011°00.199
EFOU24	102	4	2009	Cameroun	Sud	Mvila	02°57.917	011°00.199

EFOU25	103	4	2009	Cameroun	Sud	Mvila	02°57.917	011°00.199
EFOU26	104	4	2009	Cameroun	Sud	Mvila	02°57.917	011°00.199
EFOU27	101	4	2009	Cameroun	Sud	Mvila	02°57.917	011°00.199
EFOU3	141	1	2009	Cameroun	Sud	Mvila	03°11.170	010°50.036
EFOU4	148	1	2009	Cameroun	Sud	Mvila	03°11.170	010°50.036
EFOU5	112	1	2009	Cameroun	Sud	Mvila	03°11.170	010°50.036
EFOU6	140	1	2009	Cameroun	Sud	Mvila	03°08.547	010°50.517
EFOU7	118	1	2009	Cameroun	Sud	Mvila	03°08.547	010°50.517
EFOU8	116	1	2009	Cameroun	Sud	Mvila	03°08.547	010°50.517
EFOU9	116	1	2009	Cameroun	Sud	Mvila	03°07.237	010°51.788
NK11	118	1	2008	Cameroun	Sud	Ntem	02°49.188	011°08.133
NK12	116	1	2008	Cameroun	Sud	Ntem	02°49.188	011°08.133
NK13	129	1	2009	Cameroun	Sud	Ntem	02°49.188	011°08.133
NK14	127	1	2008	Cameroun	Sud	Ntem	02°49.188	011°08.133
NK15	129	1	2009	Cameroun	Sud	Ntem	02°49.188	011°08.133
NK21	224	5	2008	Cameroun	Sud	Ntem	02°49.188	011°08.133
NK23	5	2	2008	Cameroun	Sud	Ntem	02°49.188	011°08.133
NK25	222	5	2009	Cameroun	Sud	Ntem	02°49.188	011°08.133
NK26	224	5	2008	Cameroun	Sud	Ntem	02°49.188	011°08.133
NS023	2	2	1982	Cameroun	Sud	Ntem	02°49.188	011°08.133
NS028	137	1	1986	Cameroun	Sud	Dja et Lobo	02°39.263	011°44.306
NS035	155	1	1989	Cameroun	Sud	Dja et Lobo	02°53.176	11°53.558
NS072	79	2	1990	Cameroun	Sud	Ntem	02°45.666	011°12.000
NS075	10	2	1990	Cameroun	Sud	Ntem	02°45.666	011°12.000
NS081	116	1	1998	Cameroun	Sud	Ntem	02°42.595	11°16.113
NS087	77	4	1990	Cameroun	Sud	Dja et Lobo	03°15.135	11°53.278
NS089	116	1	1998	Cameroun	Sud	Dja et Lobo	03°15.135	11°53.278
NS1017	37	4	2005	Cameroun	Sud	Ntem	02°48.591	011°08.195
NS1018	37	4	2005	Cameroun	Sud	Ntem	02°48.591	011°08.195
NS1019	115	4	2005	Cameroun	Sud	Ntem	02°48.591	011°08.195
NS114	100	4	1990	Cameroun	Sud	Dja et Lobo	02°48.428	12°05.461
NS115	105	4	1990	Cameroun	Sud	Dja et Lobo	02°48.428	12°05.461
NS1160	56	4	2005	Cameroun	Sud	Ntem	02°48.591	011°08.195
NS1168	123	1	2005	Cameroun	Sud	Ntem	02°48.591	011°08.195
NS1169	133	1	2005	Cameroun	Sud	Ntem	02°48.591	011°08.195
NS117	24	4	1990	Cameroun	Sud	Dja et Lobo	03°06.361	12°15.008
NS1170	72	4	2005	Cameroun	Sud	Ntem	02°48.591	011°08.195
NS1179	73	4	2005	Cameroun	Sud	Ntem	02°48.591	011°08.195
NS1180	45	2	2005	Cameroun	Sud	Ntem	02°48.591	011°08.195
NS120	23	4	1990	Cameroun	Sud	Dja et Lobo	03°26.275	12°26.568
NS1265	138	1	2005	Cameroun	Sud	Ntem	02°48.591	011°08.195
NS1272	37	4	2005	Cameroun	Sud	Ntem	02°48.591	011°08.195
NS1280	58	4	2005	Cameroun	Sud	Ntem	02°48.591	011°08.195
NS1295	118	1	2005	Cameroun	Sud	Ntem	02°48.591	011°08.195
NS1298	118	1	2005	Cameroun	Sud	Ntem	02°48.591	011°08.195
NS1302	118	1	2005	Cameroun	Sud	Ntem	02°48.591	011°08.195
NS1309	37	4	2005	Cameroun	Sud	Ntem	02°48.591	011°08.195
NS1318	134	1	2005	Cameroun	Sud	Ntem	02°48.591	011°08.195
NS1380	37	4	2005	Cameroun	Sud	Ntem	02°48.591	011°08.195
NS1407	37	4	2005	Cameroun	Sud	Ntem	02°48.591	011°08.195
NS1410	37	4	2005	Cameroun	Sud	Ntem	02°48.591	011°08.195
NS1415	69	4	2005	Cameroun	Sud	Ntem	02°48.591	011°08.195
NS1419	37	4	2005	Cameroun	Sud	Ntem	02°48.591	011°08.195
NS1426	59	4	2005	Cameroun	Sud	Ntem	02°48.591	011°08.195

NS1433	38	4	2005	Cameroun	Sud	Ntem	02°48.591	011°08.195
NS1434	144	1	2005	Cameroun	Sud	Ntem	02°48.591	011°08.195
NS1435	143	1	2005	Cameroun	Sud	Ntem	02°48.591	011°08.195
NS1436	116	1	2005	Cameroun	Sud	Ntem	02°48.591	011°08.195
NS1439	37	4	2005	Cameroun	Sud	Ntem	02°48.591	011°08.195
NS1442	145	1	2005	Cameroun	Sud	Ntem	02°48.591	011°08.195
NS1445	5	2	2005	Cameroun	Sud	Ntem	02°48.591	011°08.195
NS1461	5	2	2005	Cameroun	Sud	Ntem	02°48.591	011°08.195
NS1466	98	4	2005	Cameroun	Sud	Ntem	02°48.591	011°08.195
NS1467	98	4	2005	Cameroun	Sud	Ntem	02°48.591	011°08.195
NS1469	118	1	2005	Cameroun	Sud	Ntem	02°48.591	011°08.195
NS1470	220	5	2005	Cameroun	Sud	Ntem	02°48.591	011°08.195
NS1471	208	5	2005	Cameroun	Sud	Ntem	02°48.591	011°08.195
NS1472	18	2	2005	Cameroun	Sud	Ntem	02°48.591	011°08.195
NS1473	211	5	2005	Cameroun	Sud	Ntem	02°48.591	011°08.195
NS1474	5	2	2005	Cameroun	Sud	Ntem	02°48.591	011°08.195
NS1475	118	1	2005	Cameroun	Sud	Ntem	02°48.591	011°08.195
NS1476	218	5	2005	Cameroun	Sud	Ntem	02°48.591	011°08.195
NS1477	2	2	2005	Cameroun	Sud	Ntem	02°48.591	011°08.195
NS1478	219	5	2005	Cameroun	Sud	Ntem	02°48.591	011°08.195
NS1479	2	2	2005	Cameroun	Sud	Ntem	02°48.591	011°08.195
NS1480	221	5	2005	Cameroun	Sud	Ntem	02°48.591	011°08.195
NS1481	5	2	2005	Cameroun	Sud	Ntem	02°48.591	011°08.195
NS1482	5	2	2005	Cameroun	Sud	Ntem	02°48.591	011°08.195
NS1483	5	2	2005	Cameroun	Sud	Ntem	02°48.591	011°08.195
NS211	154	1	1994	Cameroun	Sud	Océan	02°48.666	010°33.655
NS341	121	1	1999	Cameroun	Sud	Ntem	02°49.188	011°08.133
NS343	118	1	1999	Cameroun	Sud	Ntem	02°49.188	011°08.133
NS346	5	2	1999	Cameroun	Sud	Ntem	02°49.188	011°08.133
NS349	86	2	1999	Cameroun	Sud	Ntem	02°49.188	011°08.133
NS907	118	1	2005	Cameroun	Sud	Ntem	02°48.591	011°08.195
NS908	56	4	2005	Cameroun	Sud	Ntem	02°48.591	011°08.195
NS909	37	4	2005	Cameroun	Sud	Ntem	02°48.591	011°08.195
NS910	128	1	2005	Cameroun	Sud	Ntem	02°48.591	011°08.195
NS913	37	4	2005	Cameroun	Sud	Ntem	02°48.591	011°08.195
NS917	37	4	2005	Cameroun	Sud	Ntem	02°48.591	011°08.195
NS923	37	4	2005	Cameroun	Sud	Ntem	02°48.591	011°08.195
NS924	57	4	2005	Cameroun	Sud	Ntem	02°48.591	011°08.195
NS968	37	4	2005	Cameroun	Sud	Ntem	02°48.591	011°08.195
NS969	37	4	2005	Cameroun	Sud	Ntem	02°48.591	011°08.195
NS978	37	4	2005	Cameroun	Sud	Ntem	02°48.591	011°08.195
NS979	118	1	2005	Cameroun	Sud	Ntem	02°48.591	011°08.195
AKO11	42	2	2008	Cameroun	Est	Nyong et Mfoumou	03°52.534	012°12.401
AKO12	5	2	2008	Cameroun	Est	Nyong et Mfoumou	03°52.534	012°12.401
AKO21	5	2	2008	Cameroun	Est	Nyong et Mfoumou	03°53.505	012°08.407
AKO25	5	2	2008	Cameroun	Est	Nyong et Mfoumou	03°53.505	012°08.407
AKO31	5	2	2008	Cameroun	Est	Nyong et Mfoumou	03°53.442	012°05.029
AKO32	13	2	2008	Cameroun	Est	Nyong et Mfoumou	03°53.442	012°05.029
AKO43	13	2	2008	Cameroun	Est	Nyong et Mfoumou	03°53.370	012°03.013
AKO51	5	2	2008	Cameroun	Est	Nyong et Mfoumou	03°53.457	011°57.244
AKO55	5	2	2008	Cameroun	Est	Nyong et Mfoumou	03°53.457	011°57.244
AKO62	12	2	2008	Cameroun	Est	Nyong et Mfoumou	03°53.577	011°45.097
AKO64	5	2	2008	Cameroun	Est	Nyong et Mfoumou	03°53.577	011°45.097
AWA11	47	4	2008	Cameroun	Est	Mefou et Afemba	03°46.531	011°48.324

AWA12	33	4	2008	Cameroun	Est	Mefou et Afemba	03°46.531	011°48.324
AWA21	12	2	2008	Cameroun	Est	Mefou et Afemba	03°46.531	011°48.324
AWA22	5	2	2008	Cameroun	Est	Mefou et Afemba	03°46.531	011°48.324
NS001	3	2	1989	Cameroun	Est	Ht-Nyong	04°14.243	13°27.003
NS012	75	2	1991	Cameroun	Est	Hte Sanaga	04°33.313	12°49.285
NS029	11	2	1989	Cameroun	Est	Ht-Nyong	04°12.016	13°22.589
NS030	6	2	1989	Cameroun	Est	Nyong et Mfoumou	03°53.043	012°02.464
NS033	5	2	1989	Cameroun	Est	Hte Sanaga	04°33.313	12°49.285
NS036	27	2	1998	Cameroun	Est	Hte Sanaga	04°33.313	12°49.285
NS050	5	2	1989	Cameroun	Est	Ht-Nyong	04°14.243	13°27.003
NS257	2	2	1995	Cameroun	Est	Nyong et Mfoumou	03°53.043	012°02.464
NS292	5	2	1995	Cameroun	Est	Ht-Nyong	04°01.156	12°37.539
NS841	5	2	2004	Cameroun	Est	Nyong et Mfoumou	03°53.133	012°02.446
NS842	5	2	2004	Cameroun	Est	Nyong et Mfoumou	03°53.133	012°02.446
NGR08	223	5	1997	Nigeria		Edo	06°20.219	05°37.168
NGR12	225	5	1997	Nigeria		Ondo	07°08.772	04°83.776
NGR16	228	5	1995	Nigeria		Ondo	07°08.772	04°83.776
NGR17	226	5	1995	Nigeria		Ondo	07°08.772	04°83.776
NGR19	230	5	1995	Nigeria		Ondo	07°17.600	05°11.667
NGR20	227	5	1995	Nigeria		Ondo	07°17.600	05°11.667
NGR22	211	5	1995	Nigeria		Oyo	07°39.638	03°91.666
NGR26	208	5	1997	Nigeria		Oyo	07°39.638	03°91.666
NGR29	211	5	1995	Nigeria		Oyo	07°39.638	03°91.666
NGR33	229	5	1995	Nigeria		Oyo	07°39.638	03°91.666
NGR34	231	5	1997	Nigeria		Oyo	07°39.638	03°91.666
NGR45	208	5	1997	Nigeria		Abia	05°25.334	07°32.136
NGR47	208	5	1997	Nigeria		Cross River	04°56.589	08°19.288
NGR51	208	5	1997	Nigeria		Cross River	04°56.589	08°19.288
NGR53	208	5	1997	Nigeria		Cross River	04°56.589	08°19.288
NGR54	213	5	1997	Nigeria		Cross River	04°56.589	08°19.288
NGR56	209	5	1997	Nigeria		Cross River	04°56.589	08°19.288
NGR58	209	5	1997	Nigeria		Cross River	04°56.589	08°19.288
TG11	214	5	2000	Togo		Litimé	06°12.908	01°23.234
TG12	214	5	2000	Togo		Akposso	07°38.092	00°52.550
TG3	204	5	1996	Togo		Kloto	06°57.566	00°42;506
TG6	206	5	1996	Togo		Kloto	06°57.566	00°42;506
TG7	212	5	1996	Togo		Litimé	06°12.908	01°23.343
TGZZ	210	5	1996	Togo		Kloto	06°57.566	00°42;506
GH06	203	5	1997	Ghana		Ashanti	06°45.066	01°30.404
GH10	205	5	1997	Ghana		Brong Ahafo	07°59.042	01°40.358
GH11	207	5	1999	Ghana		Ashanti	06°45.066	01°30.404
GH12	215	5	1999	Ghana		Ashanti	06°45.066	01°30.404
GH13	212	5	1999	Ghana		Volta	06°34.585	00°27.181
GH14	205	5	1999	Ghana		Brong Ahafo	07°59.042	01°40.358
GH19	214	5	1999	Ghana		Akomadan	07°24.000	01°57.000
CIV0703	216	5	2008	RCI		Zabeza	05°46.559	06°36.115
CIV0704	217	5	2008	RCI		Zabeza	05°46.559	06°36.115

CIV0705	217	5	2008	RCI	Zabeza	05°46.559	06°36.115
CIV0708	216	5	2008	RCI	Ouest-Soubre	05°46.559	06°36.115
CIV0709	216	5	2008	RCI	Ouest-Soubre	05°46.559	06°36.115
CIV200102	214	5	2001	RCI	Est-Abengourou	06°43.386	03°29.253
SBR1129	214	5	2009	RCI	Ouest-Soubre	05°46.559	06°36.115
SBR11312	214	5	2009	RCI	Ouest-Soubre	05°46.559	06°36.115
SBR1137	216	5	2009	RCI	Ouest-Soubre	05°46.559	06°36.115
SBR1141	214	5	2009	RCI	Ouest-Soubre	05°46.559	06°36.115
CIV200101	211	5	2001	RCI	Est-Abengourou	06°43.386	03°29.253
CIV200103	216	5	2001	RCI	Est-Abengourou	06°43.386	03°29.253
G114	153	1	1997	Gabon	Oyem	02°09.248	12°07.552
G227	154	1	1997	Gabon	Oyem	02°04.409	11°29.192
G3139	154	1	1997	Gabon	Oyem	00°47.097	11°33.131
G4107	116	1	1997	Gabon	Oyem	02°09.248	12°07.552
G4112	116	1	1997	Gabon	Oyem	02°09.248	12°07.552
G411201	142	1	1982	Gabon	Oyem	02°09.014	12°07.529
G480	154	1	1997	Gabon		02°09.248	12°07.552
G494	154	1	1997	Gabon		02°09.248	12°07.552
G8222	154	1	1997	Gabon	Makoulou Est	01°00.397	13°57.087
G9195	154	1	1982	Gabon	Oyem	00°12.314	11°51.506
1ST1	171	1	1998	Sao-Tome		00°20.156	06°43.446
4ST15	167	1	1998	Sao-Tome	Belle vista	00°20.156	06°43.446
4ST1B	162	1	1998	Sao-Tome	Belle vista	00°20.156	06°43.446
4ST22	166	1	1995	Sao-Tome	Poto	03°33.676	06°72.775
4ST2A	162	1	1998	Sao-Tome	Belle vista	00°20.156	06°43.446
4ST2B	163	1	1998	Sao-Tome	Belle vista	00°20.156	06°43.446
4ST2C	177	1	1995	Sao-Tome	Poto	03°33.676	06°72.775
4ST31	168	1	1998	Sao-Tome	Belle vista	00°20.156	06°43.446
4ST33	163	1	1998	Sao-Tome	Belle vista	00°20.156	06°43.446
4ST34	162	1	1998	Sao-Tome	Belle vista	00°20.156	06°43.446
4ST39	162	1	1998	Sao-Tome		00°20.156	06°43.446
4ST3B	162	1	1998	Sao-Tome	Belle vista	00°20.156	06°43.446
4ST4	164	1	1998	Sao-Tome	Belle vista	00°20.156	06°43.446
4ST5	162	1	1998	Sao-Tome	Belle vista	00°20.156	06°43.446
5ST19	170	1	1998	Sao-Tome		00°20.156	06°43.446
5ST2	165	1	1998	Sao-Tome		00°20.156	06°43.446
5ST32	172	1	1998	Sao-Tome		00°20.156	06°43.446
5ST5	169	1	1998	Sao-Tome		00°20.156	06°43.446
5ST8	168	1	1998	Sao-Tome		00°20.156	06°43.446
Ped3	162	1	1998	Sao-Tome		00°20.156	06°43.446
Pot1	162	1	1998	Sao-Tome		00°20.156	06°43.446
Pot2	162	1	1998	Sao-Tome		00°20.156	06°43.446
Pot4	162	1	1998	Sao-Tome		00°20.156	06°43.446

Autres *Phytophthora* sp

Espèce	Nom	Année	Pays	Zone géographique	Département	GPS X	GPS Y
P. palmivora	NS653	2001	Cameroun	Ouest	Meme	04°38.226	09°28.248
P. palmivora	NS487	2000	Cameroun	Ouest	Meme	04°38.226	09°28.248
P. palmivora	NS548		Cameroun	Ouest	Meme	04°38.226	09°28.248
P. palmivora	Col4		Colombie			04°44.499	73°09.441
P. palmivora	4C7		Cuba			21°32.229	77°50.208
P. palmivora	EQ1		Equateur			01°46.220	78°16.511
P. palmivora	GH16		Ghana			06°45.066	01°30.404
P. palmivora	GH15	1999	Ghana			06°45.066	01°30.404
P. palmivora	GH17	1999	Ghana			06°45.066	01°30.404
P. palmivora	GH18	1999	Ghana			06°44.087	01°36.308
P. palmivora	P517	1990	Ghana			06°45.066	01°30.404
P. palmivora	Guat22		Guatemala			15°49.349	15°02.090
P. palmivora	92P16		Indonésie			00°27.113	113°48.334
P. palmivora	P881	1995	Jamaïque			18°06.508	77°17.438
P. palmivora	LKM45		Malaisie			04°17.107	102°00.496
P. palmivora	CIV8602		RCI			06°43.386	03°29.253
P. palmivora	CIV9109		RCI			05°15.594	03°56.115
P. palmivora	BGV281		RCI			06°43.386	03°29.253
P. palmivora	RD24		Rep Dominicaine			18°45.591	70°08.313
P. palmivora	5ST17	1998	Sao-Tome			00°20.156	06°43.446
P. palmivora	5ST22	1998	Sao-Tome			00°20.156	06°43.446
P. palmivora	5ST25	1998	Sao-Tome			00°20.156	06°43.446
P. palmivora	TRI1	1995	Trinidad			10°42.046	61°13.297
P. capsici	REG29	1995	Guyana			06°44.023	58°36.090
P. capsici	REG26		Guyana			06°44.023	58°36.090

Annexe 2 : Milieux de culture utilisés dans cette étude : Composition et préparation.

a. Milieu V8 dilué : utilisé pour le repiquage et la mise en collection

Pour trois litres de milieu :

- V8 commercial 500 ml
- Caco3 7.5 g
- Agar 37.5 g
- H_2O distillée

Porter à ébullition le $CaCO_3$ dans 500 ml H2o distillé ; Ajouter le V8 et chauffer pendant 10 mn ; Filtrer sur de la toile et ajuster à 2500ml avec du H_2O distillée ; Ajouter l'agar puis autoclaver à 115° pendant 20 mn.

b. Milieu PAR(PH) : Milieu sélectif pour piégeage et purification des *Phytophthora* spp

Pour 1 litre de milieu (Eau gélosée, ou milieu V8 dilué, ou milieu PP dilué) :

- Eau gélosée, ou V8 dilué, ou PP dilué
- Pimaricine (ou Delvocid) : 10 ppm
- Ampicilline : 250 ppm
- Rifampicine : 10 ppm
- PCNB ou Terraclor (sélectif contre les *Fusarium*, *Pythium* et *Rhizoctonia*) : 100 ppm
- Hymexazol (inhibe les *Pythium* et favorise la croissance des *Phytophthora*) : 100 ppm

Remarque : on peut ajouter du Benlate, sélectif contre *Cercospora, Monilia* et *Colletotricum.*

Milieu carotte au ß-sitostérol : utilisé pour les croisements et la production d'oospores

Pour 1 litre de milieu :

- Carottes en rondelles 150g
- Caco3 3g
- Agar 15g
- ß-sitostérol 0.01g
- H_2O distillée

Porter à ébullition les carottes et 500ml de H_2O distillée et filtrer sur de la toile ; Diluer 0.01g de ß-sitostérol dans 10ml de Dichloromethane et ajouter au milieu ; Ajouter l'agar et ajuster à 1 litre ; Autoclaver à 115° pendant 20 mn.

Annexe 3:

AJB Primer notes and protocols - Phytophthora megakarya microsatellite

Microsatellite markers for population studies of *Phytophthora megakarya* (Pythiaceae), a cacao pathogen in Africa[1]

C.V. Mfegue[2], C. Herail[3], H. Adreit[3], M. Mbemoun[2], Z. Techou[2], M. Ten Hoopen[3], D. Tharreau[3], and M. Ducamp[3, 4]

[2] IRAD, P O Box 2123 Yaounde, Cameroon

[3] UMR BGPI, CIRAD, TA A 54/K, 34398 Montpellier Cedex 5, France

[4] Author for correspondence: michel.ducamp@cirad.fr

Email addresses: CVM: mvirginie2002@yahoo.fr/crescence-virginie.mfegue@cirad.fr
MD: michel.ducamp@cirad.fr

[1] Manuscript received ; revision accepted

Acknowledgements:

The authors thank CIRAD and the AIP Bioressources EcoMicro for financial support. We are indebted to Eric Rosenquist and Eileen Herrera from USDA who have funded the main sampling steps. Many thanks to Salomon Nyassé from IRAD, Gary Samuels from ARS-USDA, and to Kelly Ivors from NCSU, for their support. Genotyping was realized on the IFR119 "Montpellier Environnement Biodiversité" plateform.

ABSTRACT

* Premise of the study: *Phytophthora megakarya* is the agent of black pod disease of cacao and the main pathogen of this crop in Africa. Population genetic studies are required to investigate how it emerged. To this end, we developed 12 novel polymorphic microsatellite markers for *P. megakarya.*

* Methods and results: Microsatellite sequences were obtained by pyrosequencing of multiplex-enriched libraries. Candidate loci with di- or trinucleotide motifs were selected. Primer pairs were tested with nine *P. megakarya* isolates. The 12 most polymorphic and unambiguous loci were selected to develop three multiplex PCR pools. The total number of alleles varied from 2 to 9, depending on loci, and higher than expected heterozygosity was observed.

* Conclusions: These markers were used for population genetics studies of *P. megakarya* in Cameroon, and comparison with reference strains from West Africa. This is the first time that microsatellite markers are developed for *P. megakarya.*

Key words: black pod disease; microsatellite markers; *Phytophthora megakarya;* population genetic; pyrosequencing.

INTRODUCTION

Phytophthora megakarya Brassier & Griffin, the causal agent of black pod disease, is now the most important cacao pathogen in Central and West Africa (Guest 2007). Losses are reported to be as high as 80% of potential yield in Cameroon (Berry and Cilas 1994), and 100% in Ghana (Dakwa 1994). Although cacao was introduced in Africa from South America, *P. megakarya* is a diploid species endemic to Equatorial Guinea, Gabon, Cameroon, Nigeria, Togo and Ghana (Brasier and Griffin 1979a; Djiekpor *et al.* 1981; Dakwa 1987). Its purported centre of diversity, based on evidence from molecular and mating type studies, lies on the border between Nigeria and Cameroon (Nyassé *et al.* 1999). The pathogen is still in an invasive phase in Ivory Coast, the first cacao producing country, where it is replacing the more widespread but less aggressive *P. palmivora* (Butler) Butler (Kébé *et al.* 2002; Holmes *et al.* 2003). Identifying the origin and the phylogeny of this diploid pathogen would provide useful insights to epidemiologists and breeders, and help in the development of integrated control strategies and management of the disease. The first step is a thorough evaluation of the current genetic diversity of *P. megakarya*, and a better understanding of the population structure.

In the present study, we developed 12 novel microsatellite markers for *P. megakarya.* These markers were used to characterize 652 *P. megakarya* isolates collected in cacao plantations from Central and West Africa. Since cross amplification of microsatellite markers occurs between related *Phtytophthora* (Ioos *et al.* 2007), we tested cross amplification in 15 *P. palmivora*, an ubiquist and important cacao pathogen belonging to the same phylogenetic clade as *P. megakarya*.

METHODS AND RESULTS

The *P. megakarya* reference isolate NS269 collected in the Fako region in Cameroon was used for the detection of microsatellite. NS269 belongs to an intermediate genetic group between Central and West Africa groups (Nyassé *et al.* 1999). The method consisted of a biotin-enriched protocol adapted from Kijas et al. (1994) at Genoscreen (Lille, France), and developed within the AIP Bioressources EcoMicro Project. DNA was extracted using a standard phenol-chloroform protocol previously defined (Adreit et al. 2007), digested with *Rsa*I (Fermentas, Burlington, Canada), and ligated to standard oligonucleotide adapters (Dubut et al. 2009). The ligated DNA was hybridized to biotin-labelled oligonucleotides and the enrichment step was completed using magnetic beads (Invitrogen, Carlsbad, USA). The enriched DNA was amplified using primers corresponding to the adapters (Dubut et al., 2010; Meglecz *et al.* 2010; Martin *et al.* 2010). The PCR product was purified using a purification kit (QIAGEN, Hilden, Germany), and the enriched library was used in the 454 GS-FLX Titanium library preparation (Roche Aplied Science). Primers were designed using the QDD software (Meglecz *et al.* 2010).

From the 13 705 raw sequences obtained, 2 234 were longer than 80 bp, with more than 4 repeats for any microsatellite motif from 2 to 6 nucleotides. Potential intragenomic multicopies (duplicated loci or transposable elements, with BLAST hits to other sequences) were discarded. Sequences with the following characteristics were selected to design primers: 1) containing microsatellite tandems longer than 4 repeats, and 2) with flanking regions with less than one four-base mononucleotide stretch or two repeats of any di-hexa base-pair motif (Dubut et al. 2010). Primers were designed using the following criteria: PCR product size between 80 and 300 bp, annealing temperature (T_a) between 57°C and 60°C. A total of 677 microsatellites loci (mostly di- and trinucleotides) matched the QDD quality criteria, and primer design was successful for 465 loci. Among them, 362 had perfect motifs, and 103 compound ones, with a number of repeats ranging from 4 to 8.

We randomly selected 110 loci (56 perfect loci and 44 compound loci) for a preliminary polymorphism screening with 11 individuals on 3% agarose gel. The set was made of 9 *P. megakarya* isolates: NS359, NS468, M309, MC19, MC25 and the reference NS269 (all from Cameroon and of mating type A1), M184 (Cameroon, A2), NGR16 (Nigeria, A2), and NGR20 (Nigeria, A1); and two *P. palmivora* from Trinidad (Tri1) and Jamaica (P881), to test for cross-species amplification. PCR conditions were as follows: initial denaturation at 95°C for 15 min followed by 40 cycles of 94°C for 30 s, 60°C for 1 min 30 s and 72°C for 1 min, with a final extension at 72°C for 10 min. Reactions were run in a PTC200 thermocycler (MJ Research, city, country). Among these 110 loci, only 20 exhibited expected patterns, and had single amplification product, variable in size. They were retained for further analyses. Forward primers were labeled at the 5' end with fluorescent tags 6-FAM, PET, NED or VIC (Applied Biosystems, Carlsbad, USA) PCR were performed for individual tagged primer pair (simplex). The 10 µL of reaction mixture consisted of 3 µL DNA (10 ng μL^{-1}), 5 µL 2X QIAGEN multiplex mastermix, 1 µL 5X Q-Solution, and 0.5 µL forward and reverse primers. Amplification conditions were the same but defined primers T_m were used. The PCR amplicons were diluted 100 fold and sized by electrophoresis on a ABI Prism 3130xL 16 Capillary Sequencer (Applied Biosystems, Carlsbad, USA), using the GeneScan 400(-250) LIZ® size standard and the GeneMapper® Software Version 4.0 (Applied Biosystems, Carlsbad, USA).

The 12 most informative loci (clear profiles with polymorphism) were selected for microsatellite analysis of 652 isolates from Central and West Africa (Table 1). All the isolates used in this study are conserved at the CIRAD BGPI unit, Montpellier, France. The protocol was optimized in terms of primer concentration and PCR product dilution. All the primer pairs were finally combined into 3 easy to score multiplex panels of 4 microsatellites each (Table 1). Genetic data were analyzed using GENETIX 4.02 (Belkhir *et a*l. 2001). Linkage disequilibrium between pairs of loci was determined using GENEPOP 4.0 (Rousset 2008).

The number of alleles per locus ranged from 2 to 9, with an average of 5.25 over 652 isolates from Central and West Africa (Table 2), and the observed genotypes were consistent with diploidy. Across all populations, observed heterozygosity (H_O) calculated for each locus varied from 0.150 to 0.985 (mean 0.575), while expected heterozygosity (H_e), which provides a measurement of unbiased gene diversity at the HWE, ranged from 0.241 to 0.725 (mean 0.492). Among the 66 pairs of loci, 55 exhibited highly significant linkage disequilibrium (Fisher's exact test), consistent with a clonal reproduction of *P. megakarya* as reported for other *Phytophthora species* (Förster *et al.* 1994; Ivors *et al.* 2006). All the *P. palmivora* isolates cross-amplified at the 12 loci.

CONCLUSIONS

A significant excess of heterozygosity was detected in most of the loci within the 3 populations studied (Cameroon, Central Africa, West Africa; Table 1). Higher than expected heterozygosity and significant linkage disequilibrium suggested a clonal mode of reproduction. The results showed the occurrence of cross amplification between *P. palmivora* and *P. megakarya*, a feature that has already been observed for other *Phytophthora* species within the same clade. The microsatellite markers developed here constitute a useful tool for investigating the genetic structure of this pathogen, and its evolutionary history. These studies will help in setting control strategies against black pod disease.

LITERATURE CITED

ADREIT, H., SANTOSO, D. ANDRIANTSIMIALONA et al. 2007. Microsatellite markers for population studies of the rice blast fungus, *Magnaporthe grisea. Molecular Ecology Notes* 7: 667–670.

BELKHIR, K., P. BOSA, L. CHIKKI, N. RAUFASTE, and F. BONHOMME. 2001. GENETIX 4.03, logiciel sous Windows pour la génétique des populations. *Laboratoire Génome, Populations, Interactions. CNRS UMR 5000*, Université de Montpellier II, Montpellier, France.

DUBUT, V., J. F. MARTIN, C. COSTEDOAT, R. CHAPPAZ, and A. GILLES. 2009. Isolation and characterization of polymorphic microsatellite loci in the freshwater fishes *Telestes souffia* and *Telestes muticellus* (Teleostei: Cyprinidae). *Molecular Ecology Ressources* 9: 1001-1005.

DUBUT, V., R. GRENIER, E. MEGLECZ, R. CHAPPAZ, C. COSTEDOAT, D. DANANCHER, S. DESCLOUX, T. MALAUSA, J-F Martin, N. PECH, and A. GILLES. 2010. Development of 55 novel polymorphic microsatellite loci for the critically endangered Zingel asper L. (Actinopterygii: Perciformes: percidae) and cross-species amplification in five other percids. *European Journal of Wildlife Research* 56: 931–938.

FORSTER, H., B.M. TYLER, B. and M. COFFEY. 1994. *Phytophthora sojae* races have arisen by clonal evolution and by rare outcrosses. *Molecular Plant Microbe Interactions* 7: 780-791.

HOLMES, K.A., H. C. EVANS, S. WAYNE, J. SMITH. 2003. *Irvingia*, a forest host of the cocoa black-pod pathogen, *Phytophthora megakarya*, in Cameroon. *Plant Pathology* 52: 486–490.

IOOS, R., B. BARRES, A. ANDRIEUX, P. FREY. 2007. Characterization of microsatellite markers in the interspecific hybrid Phytophthora alni ssp. alni, and cross-amplification with related taxa. *Molecular Ecology Notes* 7: 133-137.

IVORS, K., M. GARBELOTTO, I. D. V. VRIES, C. RUYTER-SPIRA, B. TE HEKKERT, N. ROSENZWEIG, and P. BONANTS. 2006. Microsatellite markers identify three lineages of *Phytophthora ramorum* in US nurseries, yet single lineages in US forest and European nursery populations. *Molecular Ecology* 15: 1493-1505.

KIJAS,J.M.H., J.C.S. FOWLER, C.A. GARBET, and M.R. THOMAS. 1994. Enrichment of microsatellite from the Citrus genome using biotinylated oligonucleotide sequences bound to streptavidin-coated magnetic particles. *Biotechniques* 16: 656-662.

MARTIN, J-F., E. MEGLECZ, N. PECH, S. FERREIRA, C. COSTEDOAT, V. DUBUT, T. MALAUSA, and A. Gilles. 2010. Representativeness of microsatellite distributions in genomes, as revealed by 454 GS-FLX Titanium pyrosequencing. *BMC Genomics* 11: 560-573

MEGLECZ, E., C. COSTEDOAT, V. DUBUT, A. GILLES, T. MALAUSA, N. PECH, and J-F MARTIN. 2009. QDD: a user-friendly program to select microsatellite markers and design primers from large sequencing projects. *Bioinformatics* 26(3): 403-404.

NYASSE, S., L. GRIVET, A. M. RISTERUCCI, G. BLAHA, D. BERRY, C. LANAUD, and DESPREAUX. 1999. Diversity of *Phytophthora megakarya* in Central and West Africa revealed by isozyme and RAPD markers. *Mycological Research* 103: 1225-1234.

ROUSSET, F. 2008. Genepop'007: a complete reimplementation of the Genepop software for Windows and Linux. *Molecular. Ecology. Resources* 8: 103-106.

TABLES

Table 1. Characteristics of 12 microsatellite loci developed in *Phytophthora megakarya*

Locus name	GenBank EMBL Accession ID	Repeat motif	Primer Sequences (5' to 3')	Fluorescent tag	Multiplex panel	T_a (℃)	Expected size (bp)[a]	Observed size range
SSR1	FR750981	$(TTG)_7$	F: TACGATCACAGACCATTCCG R: TGTAGCCACAATGCCACAAT	VIC	2	60	124	117-123
$SSR6_c$	FR750982	$(GA)_2A(GT)_7$	F: CGTGAGGAAATTCTCAAGGC R: CAGATCTCGCCAACAACAGA	PET	1	60	83	78-86
SSR7	FR750983	$(GA)_7$	F: CGCCACCTCTTTCTTCTTTG R: TGTGCAAGTTTCTCCACACC	PET	2	60	252	250-258
SSR8	FR750984	$(GAA)_7$	F: CTTTCCGTGGAGATCCTGAG R: ATGCCAACGAAGATTCATCC	PET	3	62	84	71-104
SSR11	FR750985	$(CTT)_7$	F: ACTCTTTTTCCGTTTGGGCT R: GGACGAACAACAGAAGGAGC	VIC	3	58	133	122-134
SSR20	FR750986	$(GAA)_6$	F: CTTTGCATTCCTCGCAGACT R: TCAGGAATCACCACCTCCTC	NED	2	60	93	87-99
SSR22	FR750987	$(GT)_6$	F: GGCTGTCTGATATGGGTGGT R: AACATCCCGTCGACACCTAC	PET	3	62	156	158-162
SSR24	FR750988	$(CGT)_6$	F: GTGGAAACAGAAGCTGCACA R: CCGGTCACTACCAAACGAAC	NED	1	60	188	180-189
$SSR28_c$	FR750989	$(TGA)_2(GA)_6$	F: ACTTGATCTGGTGGACGGAT R:	VIC	1	60	230	221-227

			GCATGGCTATGGACGAAAAT					
SSR31	FR750990	$(CCT)_4$	F: ATGACGGAGTTGCGAGCTAA R: GGTTTGTCGAGCTGATGGAT	6-FAM	1	60	88	82-85
SSR49	FR750991	$(TTG)_4$	F: CTTCGGCCATGTAGGTTTGT R: CATGCACGCTTGACTCTCAT	6-FAM	2	60	234	239-245
SSR71[c]	FR750992	$(CTA)_4G(TA)_2$	F: TGGAAGATGGTTCTTTACAGC R: ACCGGAACAGTGGGTGTTAC	6-FAM	3	60	205	201-207
SSR23		$(GATA)_5$	F: TCCAAGCGGACGAAAACTAC R: TCAATTGTGGCTTCAACGTC	VIC		60	126	120
SSR36		$(GAT)_4$	F: GACAGTCGACAAATAGCGCA R: TAACGGTGATCGCATTGAAA	PET		60	82	85
SSR38		$(TCG)_5$	F: AGGTCCTGTTTCCTCGGTTT R: CTCTATCTCGGACGGCTACG	VIC		60	129	131
SSR39		$(AAT)_4$	F: CACGATCCCGAAAATAGCAT R: TGACATTGTATTGCCCATCG	PET		58	89	91
SSR41		$(GTT)_5$	F: CTTCTTCCTCACCTTCGTGC R: GGCACTACTTTGCCATTGGT	NED		62	110	109
SSR42		$(AAG)_5$	F: CAAATGCTGCGTCCACAATA R: GTCGTTCAGGACTGGGTGAT	NED		58	96	93
SSR50		$(CGA)_4$	F: TGGATTTCGTCCTCTGCTTC R: ATGCTGGCCAAACAGGTATC	6-FAM		60	236	244-267
SSR52		$(CTT)_4$	F: GAATTCGTCGGACATTCGTC R: TGTTTACCTTGCGTGCGTAG	6-FAM		60	232	230

[a]: expected size deduced from the sequence of the locus in the reference strain NS269.
[C]: compound loci; T_a (°C), mean annealing temperature for primer pairs;
F = forward primer, R = reverse primer

Table 2. Genetic diversity analyzes at African scale using 12 microsatellite markers developed for *Phytophthora megakarya*

Locus name	Cameroon (N=597) Centre, South, East and South-West			Central Africa (N=15) Gabon, Sao Tome			West Africa (N=40) Nigeria, Togo, Ghana, Côte d'ivoire		
	N_a	H_O	H_E	N_a	H_O	H_E	N_a	H_O	H_E
SSR1	2	0.149	0.179	1	0.000	0.000	3	0.225	0.204
SSR6	4	0.147	0.162	3	0.067	0.127	5	0.825	0.636
SSR7	4	0.956	0.637	3	1.000	0.647	2	0.025	0.240
SSR8	8	0.985	0.624	4	0.933	0.684	4	1.000	0.602

SSR11	6	0.477	0.368	2	0.800	0.551	4	0.600	0.440
SSR20	6	0.647	0.729	3	1.000	0.531	5	0.200	0.249
SSR22	4	0.409	0.514	3	0.933	0.613	2	0.525	0.410
SSR24	3	0.915	0.559	3	1.000	0.620	3	0.325	0.549
SSR28	3	0.722	0.515	2	0.333	0.278	4	0.950	0.558
SSR31	3	0.965	0.507	2	1.000	0.500	2	1.000	0.500
SSR49	2	0.380	0.391	2	0.933	0.498	2	0.050	0.049
SSR71	4	0.196	0.421	2	0.333	0.380	2	0.250	0.335

N = size of the sample analysed, Na = number of alleles, Ho = mean value of observed heterozygosity, HE = expected gene diversity

Appendix: Isolates included in the preliminary study

Isolate	Species	Mating type	Country of origin	Region	Year	X coordinate	Y coordinate
NS359	*P. megakarya*	A1	Cameroon	South West	1996	04°38.226	09°28.248
NS468	*P. megakarya*	A1	Cameroon	South West	1997	04°38.226	09°28.248
M309	*P. megakarya*	A1	Cameroon	South West	1998	04°38.226	09°28.248
MC19	*P. megakarya*	A1	Cameroon	Centre	2007	03°16.324	011°13.111
MC25	*P. megakarya*	A1	Cameroon	Centre	2007	03°16.324	011°13.111
NS269	*P. megakarya*	A1	Cameroon	South West	1995	04°04.003	09°01.597
M184	*P. megakarya*	A2	Cameroon	Centre	1987	03°51.393	011°27.197
NGR16	*P. megakarya*	A2	Nigeria	x	1995	07°08.772	04°83.776
NGR20	*P. megakarya*	A1	Nigeria	x	x	07°17.600	05°11.667
Tri1	*P. palmivora*	A2	Trinidad & Tobago	x	x	x	x
P881	*P. palmivora*	A1	Jamaica	x	x	x	x

Annexe 4 : Genotypes multilocus (MLG) identifiés dans les différents pays et les zones géographiques définies au Cameroun.

MLG	Ghana	Nigeria	RCI	Togo	Ouest	Savane	Forêt	Littoral	Sud	Est	Gabon	Sao Tome	Total général
1							1						1
2							3	2	4	1			10
3								3		1			4
4									1				1
5						1	31	26	31	13			102
6					1		1			1			3
7					10			2					12
8					4	1							5
9									4				4
10							1		1				2
11						1	2		2	1			6
12							2		1	2			5
13										2			2
14								2					2
15								1					1
16					1								1
17							1						1
18									1				1
19								1					1
20					1			1					2
21					1								1
22						2	1						3
23							1		1				2
24									1				1
25									1				1
26						7	1						8
27										1			1
28								2	3				5
29									1				1
30					1								1
31									1				1
32						40	7						47
33						6	1			1			8
34						1							1
35							2						2
36					1								1
37									18				18
38									1				1

MLG	Ghana	Nigeria	RCI	Togo	Ouest	Savane	Forêt	Littoral	Sud	Est	Gabon	Sao Tome	Total général
39						1							1
40						1							1
41						1							1
42										1			1
43								1					1
44					1								1
45									1				1
46						4	1						5
47										1			1
48							1						1
49						4							4
50						2							2
51						1							1
52						1							1
53						1							1
54					15	1							16
55						1							1
56									2				2
57									1				1
58									1				1
59									1				1
60						2							2
61					2								2
62					4								4
63					1								1
64						1							1
65						1							1
66						1							1
67					4	1							5
68					1								1
69									1				1
70						1							1
71					2								2
72									1				1
73									1				1
74						1							1
75										1			1
76					1								1
77									1				1
78					1								1
79									1				1
80								1					1
81							1						1

MLG	Ghana	Nigeria	RCI	Togo	Ouest	Savane	Forêt	Littoral	Sud	Est	Gabon	Sao Tome	Total général
82							1						1
83								1					1
84								1					1
85						1							1
86									1				1
87							5						5
88						1							1
89									2				2
90						1	44						45
91							3						3
92							8						8
93							1						1
94							1						1
95							1						1
96							1						1
97						1							1
98									2				2
99						1							1
100									1				1
101									1				1
102									1				1
103									1				1
104									1				1
105									1				1
106						1							1
107									2				2
108									1				1
109									1				1
110								3					3
111							1		2				3
112									1				1
113					1								1
114									1				1
115									1				1
116							3		12		2		17
117							1						1
118							4	4	23				31
119								1					1
120								3	2				5
121							2		6				8
122									2				2
123									1				1
124							2						2

MLG	Ghana	Nigeria	RCI	Togo	Ouest	Savane	Forêt	Littoral	Sud	Est	Gabon	Sao Tome	Total général
125							1	2					3
126							1	1					2
127								1	1				2
128									2				2
129									2				2
130									1				1
131								1					1
132							1						1
133									1				1
134									1				1
135							1						1
136							1						1
137									1				1
138									1				1
139							1						1
140							1		1				2
141									1				1
142											1		1
143									1				1
144									1				1
145									1				1
146								1					1
147							1						1
148									1				1
149							1						1
150							1						1
151								2					2
152								1					1
153											1		1
154								1	1		6		8
155									1				1
156								1					1
157								1					1
158							1						1
159									1				1
160							1						1
161									1				1
162												10	10
163												2	2
164												1	1
165												1	1
166												1	1
167												1	1

MLG	Ghana	Nigeria	RCI	Togo	Ouest	Savane	Forêt	Littoral	Sud	Est	Gabon	Sao Tome	Total général
168												2	2
169												1	1
170												1	1
171												1	1
172												1	1
173									1				1
174								1					1
175						1							1
176						1							1
177												1	1
178							1						1
179							1						1
180					4								4
181					40			2					42
182								1					1
183					1								1
184					3								3
185					1								1
186					1								1
187					1								1
188					8								8
189					1								1
190					1								1
191					1								1
192					6								6
193					1								1
194					1								1
195					1								1
196					1								1
197					1								1
198					1								1
199					1								1
200					1								1
201					1								1
202					1								1
203	1												1
204				1									1
205	2												2
206				1									1
207	1												1
208		5							1				6
209		2			1								3
210				1									1

MLG	Ghana	Nigeria	RCI	Togo	Ouest	Savane	Forêt	Littoral	Sud	Est	Gabon	Sao Tome	Total général
211		2	1						1				4
212	1			1									2
213		1											1
214	1		4	2									7
215	1												1
216			5										5
217			2										2
218									1				1
219									1				1
220									1				1
221									1				1
222									1				1
223		1											1
224									2				2
225		1											1
226		1											1
227		1											1
228		1											1
229		1											1
230		1											1
231		1											1
Total général	**7**	**18**	**12**	**6**	**132**	**93**	**150**	**71**	**179**	**26**	**10**	**23**	**727**

Annexe 5: Fréquences alléliques et génotypiques dans les 5 groupes DAPC

Locus	Allèles	AC1	AC2	AC3	MC	AO
SSR6	78	0	0	0.002	0	0.009
	80	0	0	0	0	0.009
	82	0.998	0.993	0.989	0.494	0.075
	84	0	0.003	0.004	0	0.472
	86	0.002	0.003	0.004	0.506	0.434
SSR31	73	0	0	0.002	0	0
	82	0.526	0.507	0.506	0.5	0.519
	85	0.474	0.493	0.491	0.5	0.481
SSR24b	180	0.6	0.5	0.506	0.5	0.618
	183	0	0	0	0	0.118
	186	0.4	0.381	0.494	0.043	0.265
	189	0	0.119	0	0.457	0
SSR28b	221	0.479	0.339	0.191	0	0
	225	0	0.01	0.011	0.475	0.491
	227	0.521	0.643	0.798	0.525	0.5
	229	0	0.007	0	0	0.009
SSR20	87	0	0	0.002	0	0.038
	90	0.033	0.377	0.226	0.994	0.915
	93	0.04	0.534	0.668	0	0
	96	0.479	0.041	0.017	0	0.047
	99	0.448	0.048	0.087	0.006	0
SSR1	117	0.979	0.976	0.994	0.426	0.028
	120	0	0	0	0	0.142
	123	0.021	0.024	0.006	0.574	0.83
SSR49	239	0.063	0.534	0.124	0.556	1
	245	0.937	0.466	0.876	0.444	0
SSR7	250	0.471	0.134	0.396	0	0
	252	0.012	0.37	0.002	0.5	0
	254	0	0.024	0	0	0
	256	0.5	0.466	0.509	0.5	1
	258	0.017	0.007	0.093	0	0
SSR11	122	0.024	0	0.013	0	0.009
	124	0	0	0	0	0.245
	125	0.002	0	0	0	0
	128	0.943	0.586	0.83	0.5	0.745
	131	0.019	0.014	0.026	0	0
	134	0.012	0.4	0.132	0.5	0

SSR71b	192	0.009	0	0.002	0	0
	201	0.969	0.359	0.944	0.012	0.882
	207	0.021	0.641	0.054	0.988	0.118
SSR8	68	0.005	0.003	0.002	0	0
	71	0	0	0	0.481	0.434
	74	0	0.003	0.002	0	0
	77	0	0	0	0	0.5
	83	0.498	0.462	0.496	0.519	0.066
	86	0	0.007	0	0	0
	92	0	0.341	0.009	0	0
	95	0	0.072	0	0	0
	98	0.493	0.103	0.489	0	0
	101	0	0.007	0	0	0
	104	0.005	0	0.002	0	0
SSR22b	150	0	0	0	0.006	0
	158	0.972	0.198	0.645	0.16	0.755
	160	0.028	0.59	0.308	0.833	0.245
	162	0	0.212	0.047	0	0

Locus:	SSR6								
Pop	Genotypes:								
	78	78	82	82	84	82	84	86	
	80	82	82	84	84	86	86	86	Total
AC2	0	0	142	0	0	0	1	0	143
AC1	0	0	209	0	0	**1**	0	0	210
MC	0	0	0	0	0	80	0	1	81
AC3	0	1	232	0	0	0	2	0	235
AO	1	0	2	1	3	**3**	43	0	53
Total:	1	1	585	1	3	84	46	1	722
P-value	=	0	S.E.	=	0	(19057	switches)		

Locus:	SSR31						
Pop	Genotypes:						
	82	73	82	85			
	82	85	85	85	Total		
AC2	2	0	141	0	143	AC2	
AC1	11	0	200	0	211	AC1	
MC	0	0	81	0	81	MC	
AC3	5	1	228	1	235	AC3	
AO	2	0	51	0	53	AO	
Total:	20	1	701	1	723		
P-value	=	0.48434	S.E.	=	0.01046	(20227	switches)

Locus:	SSR24bis					
Pop	Genotypes:					
	180	180	180	180		
	180	183	186	189	Total	
AC2	0	0	109	34	143	AC2
AC1	42	0	169	0	211	AC1
MC	0	0	7	74	81	MC
AC3	3	0	232	0	235	AC3
AO	4	4	9	0	17	AO
Total:	49	4	526	108	687	

Locus:	SSR28bis					
Pop	Genotypes:					
	221	225	227	227		
	227	227	227	229	Total	
AC2	97	3	41	2	143	AC2
AC1	202	0	9	0	211	AC1
MC	0	77	4	0	81	MC
AC3	90	5	140	0	235	AC3
AO	0	52	0	1	53	AO
Total:	389	137	194	3	723	
P-value	=	0	S.E.	=	0	(57937

Locus:	SSR20													
Pop	Genotypes:													
	87	90	87	90	93	87	90	93	96	90	93	96	99	
	90	90	93	93	93	96	96	96	96	99	99	99	99	Total
AC2	0	0	0	104	18	0	0	9	1	6	7	1	0	146
AC1	0	0	0	0	0	0	2	11	16	12	6	158	7	212
MC	0	80	0	0	0	0	0	0	0	1	0	0	0	81
AC3	0	1	1	102	83	0	0	6	1	2	39	0	0	235
AO	3	46	0	0	0	1	2	0	1	0	0	0	0	53
Total:	3	127	1	206	101	1	4	26	19	21	52	159	7	727
P-value	=	0	S.E.	=	0	(40617	switches)							

Locus:	SSR1						
Pop	Genotypes:						
	117	117	120	123			
	117	123	123	123	Total		
AC2	139	7	0	0	146		
AC1	203	9	0	0	212		
MC	0	69	0	12	81		
AC3	232	3	0	0	235		

AO	0	3	15	35	53		
Total:	574	91	15	47	727		
P-value	=	0	S.E.	=	0	(70066	switches)

Locus:	SSR49						
Pop	Genotypes:						
	239	239	245				
	239	245	245	Total			
AC2	11	134	1	146			
AC1	1	24	181	206			
MC	9	72	0	81			
AC3	8	41	181	230			
AO	53	0	0	53			
Total:	82	271	363	716			
P-value	=	0	S.E.	=	0	(84235	switches)

Locus:	SSR7									
Pop	Genotypes:									
	250	250	252	254	256	250	254	256	258	
	252	256	256	256	256	258	258	258	258	Total
AC2	10	29	98	5	2	0	2	0	0	146
AC1	1	195	4	0	1	0	0	7	0	208
MC	0	0	81	0	0	0	0	0	0	81
AC3	0	178	1	0	9	4	0	37	1	230
AO	0	0	0	0	49	0	0	0	0	49
Total:	11	402	184	5	61	4	2	44	1	714
P-value	=	0	S.E.	=	0	(35880	switches)			

Locus:	SSR11							
Pop	Genotypes:							
	122	124	125	128	128	128	134	
	128	128	128	128	131	134	134	Total
AC2	0	0	0	26	4	114	1	145
AC1	10	0	1	188	8	5	0	212
MC	0	0	0	0	0	81	0	81
AC3	6	0	0	155	12	62	0	235
AO	1	26	0	26	0	0	0	53
Total:	17	26	1	395	24	262	1	726
P-value	=	0	S.E.	=	0	(38193	switches)	

Locus:	SSR71bis						
Pop	Genotypes:						
	192	201	201	207			
	201	201	207	207	Total		

AC2	0	2	100	43	145		
AC1	4	199	9	0	212		
MC	0	0	2	79	81		
AC3	1	199	20	2	222		
AO	0	40	10	1	51		
Total:	5	440	141	125	711		
P-value	=	0	S.E.	=	0	(62736	switches)

Locus:	SSR8														
Pop	Genotypes:														
	68	71	71	77	83	83	83	83	92	68	83	92	83	83	
	74	77	83	83	83	86	92	95	95	98	98	98	101	104	Total
AC2	1	0	0	0	0	2	89	20	1	0	21	9	2	0	145
AC1	0	0	0	0	1	0	0	0	0	2	205	0	0	2	210
MC	0	0	78	0	3	0	0	0	0	0	0	0	0	0	81
AC3	1	0	0	0	0	0	3	0	0	0	229	1	0	1	235
AO	0	46	0	7	0	0	0	0	0	0	0	0	0	0	53
Total:	2	46	78	7	4	2	92	20	1	2	455	10	2	3	724
P-value	=	0	S.E.	=	0	(27574	switches)								

Locus:	SSR22bis						
Pop	Genotypes:						
	158	150	158	160	158	160	
	158	160	160	160	162	162	Total
AC2	1	0	54	28	1	60	144
AC1	199	0	12	0	0	0	211
MC	11	1	4	65	0	0	81
AC3	77	0	133	2	15	7	234
AO	28	0	24	1	0	0	53
Total:	316	1	227	96	16	67	723

Annexe 6 : Isolats de *P. megakarya* obtenus par piégeage d'échantillons de sol provenant de Ngomedzap (zone forestière) et Bokito (zone de savane) et retenus pour cette étude.

Localité	Nom et arbre	Parcelle	Origine	Nom isolat
Ngomedzap	Cos13X	Cosmas	Sol	MC 1
Ngomedzap	Cos28	Cosmas	Sol	MC2
Ngomedzap	Cos29-1X	Cosmas	Sol	MC3
Ngomedzap	Cos29-2X	Cosmas	Sol	MC4
Ngomedzap	Cos33-1	Cosmas	Sol	MC5
Ngomedzap	Cos33-2	Cosmas	Sol	MC6
Ngomedzap	Cos41-1	Cosmas	Sol	MC7
Ngomedzap	Cos41-2	Cosmas	Sol	MC8
Ngomedzap	Meb20-1	Mebenga	Sol	MC9
Ngomedzap	Meb20-2	Mebenga	Sol	MC10
Ngomedzap	Meb21	Mebenga	Sol	MC11
Ngomedzap	Meb26	Mebenga	Sol	MC12
Ngomedzap	Meb28-1	Mebenga	Sol	MC13
Ngomedzap	Meb28-2	Mebenga	Sol	MC14
Ngomedzap	Meb31X	Mebenga	Sol	MC15
Ngomedzap	Meb32-1	Mebenga	Sol	MC16
Ngomedzap	Meb32-2	Mebenga	Sol	MC17
Ngomedzap	Meb37-2	Mebenga	Sol	MC19
Ngomedzap	Meb37-3	Mebenga	Sol	MC20
Ngomedzap	Meb37-4	Mebenga	Sol	MC21
Ngomedzap	Meb41-1	Mebenga	Sol	MC22
Ngomedzap	Meb41-2	Mebenga	Sol	MC23
Ngomedzap	Meb41-3	Mebenga	Sol	MC24
Ngomedzap	Meb47-1	Mebenga	Sol	MC26
Bokito	Eme4	Emessiene	Sol	MC28
Bokito	Eme15-1	Emessiene	Sol	MC30
Bokito	Eme38-1	Emessiene	Sol	MC32
Bokito	Eme38-2	Emessiene	Sol	MC33
Bokito	Eme42-2	Emessiene	Sol	MC35
Bokito	Eme46	Emessiene	Sol	MC36
Bokito	Bas20-2	Bassa	Sol	MC38
Bokito	Bas20-3	Bassa	Sol	MC39
Bokito	Bas20-4	Bassa	Sol	MC40
Bokito	Bas21-1	Bassa	Sol	MC41
Bokito	Bas23-1	Bassa	Sol	MC43
Bokito	Bas23-2	Bassa	Sol	MC44
Bokito	Bas24-1	Bassa	Sol	MC45
Bokito	Bas24-2	Bassa	Sol	MC46
Bokito	Bas24-3	Bassa	Sol	MC47
Bokito	Bas25-1	Bassa	Sol	MC48
Bokito	Bas44	Bassa	Sol	MC49

Annexe 7 : Dates d'observations des parcelles au cours du suivi épidémiologique.

Les dates retenues pour les analyses sont surlignées en bleu pour chacune des parcelles.

Cosmas 2007		Mebenga 2007		Cosmas 2008		Mebenga 2008	
Semaine	Date	Semaine	Date	Semaine	Date	Semaine	Date
1	04/06/2007	1	05/06/2007	1	09/06/2008	1	10/06/2008
2	11/06/2007	2	12/06/2007	2	16/06/2008	2	17/06/2008
3	18/06/2007	3	19/06/2007	3	23/06/2008	3	24/06/2008
4	25/06/2007	4	26/06/2007	4	30/06/2008	4	01/07/2008
5	02/07/2007	5	03/07/2007	5	07/07/2008	5	08/07/2008
6	09/07/2007	6	10/07/2007	6	17/07/2008	6	17/07/2008
7	16/07/2007	7	17/07/2007	7	21/07/2008	7	22/07/2008
8	23/07/2007	8	24/07/2007	8	28/07/2008	8	29/07/2008
9	30/07/2007	9	31/07/2007	9	04/08/2008	9	05/08/2008
10	06/08/2007	10	07/08/2007	10	11/08/2008	10	12/08/2008
11	13/08/2007	11	14/08/2007	11	18/08/2008	11	19/08/2008
12	20/08/2007	12	21/08/2007	12	25/08/2008	12	26/08/2008
13	27/08/2007	13	28/08/2007	13	02/09/2008	13	03/09/2008
14	03/09/2007	14	04/09/2007	14	08/09/2008	14	09/09/2008
15	10/09/2007	15	11/09/2007	15	15/09/2008	15	16/09/2008
16	17/09/2007	16	18/09/2007	16	22/09/2008	16	23/09/2008
17	24/09/2007	17	25/09/2007	17	29/09/2008	17	30/09/2008
18	01/10/2007	18	02/10/2007	18	06/10/2008	18	07/10/2008
19	12/10/2007	19	13/10/2007	19	13/10//08	19	14/10/2008
20	17/10/2007	20	18/10/2007	20	20/10/2008	20	21/10/2008
21	20/10/2007	21	21/10/2007	21	27/10/2008	21	28/10/2008
22	30/10/2007	22	31/10/2007	22	04/11/2008	22	05/11/2008
23	14/11/2007	23	15/11/2007	23	11/11/2008	23	12/11/2008
24	19/11/2007	24	20/11/2007	24	17/11/2008	24	18/11/2008
25	26/11/2007	25	27/11/2007	25	24/11/2008	25	25/11/2008
Bassa 2007		**Emessiene 2007**		**Bassa 2008**		**Emessienne 2008**	
Semaine	Date	Semaine	Date	Semaine	Date	Semaine	Date
1	11/08/2007	1	19/07/2007	1	15/07/2008	1	14/07/2008
2	15/08/2007	2	25/07/2007	2	22/07/2008	2	21/07/2008
3	21/08/2007	3	04/08/2007	3	29/07/2008	3	28/07/2008
4	28/08/2007	4	10/08/2007	4	05/08/2008	4	04/08/2008
5	03/09/2007	5	16/08/2007	5	13/08/2008	5	12/08/2008
6	10/09/2007	6	24/08/2007	6	19/08/2008	6	18/08/2008
7	17/09/2007	7	30/08/2007	7	29/08/2008	7	27/08/2008
8	25/09/2007	8	07/09/2007	8	01/09/2008	8	02/09/2008
9	02/10/2007	9	14/09/2007	9	08/09/2008	9	10/09/2008

10	08/10/2007		10	21/09/2007		10	15/09/2008		10	17/09/2008
11	15/10/2007		11	28/09/2007		11	24/09/2008		11	22/09/2008
12	22/10/2007		12	08/10/2007		12	01/10/2008		12	02/10/2008
13	29/10/2007		13	12/10/2007		13	08/10/2008		13	06/10/2008
14	04/11/2007		14	19/10/2007		14	14/10/2008		14	16/10/2008
15	13/11/2007		15	26/10/2007		15	21/10/2008		15	23/10/2008
16	20/11/2007		16	02/11/2007		16	27/10/2008		16	29/10/2008
17	27/11/2007		17	09/11/2007		17	04/11/2008		17	05/11/2008
18	07/12/2007		18	16/11/2007		18	13/11/2008		18	18/11/2008
			19	23/11/2007		19	19/11/2008		19	25/11/2008
			20	30/11/2077		20	26/11/2008			
			21	06/12/2007						

Annexe 8 : Paramètres des ajustements linéaires entre le niveau d'ombrage et la sévérité de la maladie dans la parcelle Mebenga en 2007.

Meb07							
	<2m lower						
	sem1	sem5	sem10	sem15	sem20	sem25	sem26
df1	1	1	1	1	1	1	1
df2	50	106	106	126	156	165	170
Std Error	0.02687	1.92E-02	0.019035	0.01813	0.01611	0.01494	0.01416
Pente	-0.00892	-6.09E-03	-0.000582	0.01272	0.02075	0.01838	0.02409
Intercept	0.43302	0.533861	0.529993	0.52339	0.56861	0.63543	0.64035
R Sq	0.002199	0.0009491	8.82E-06	0.003893	0.01052	0.00909	0.01674
Adj R Sq	-0.01776	-8.48E-03	-0.009425	-0.004012	0.004179	0.003084	0.01096
F stat	0.1102	1.01E-01	0.0009349	0.4925	1.659	1.514	2.894
P value(>|t|)	0.7413	0.7516	0.9757	0.4841	0.1997	0.2203	0.09071

Résumé

L'introduction d'espèces exotiques dans un nouvel environnement constitue l'une des principales causes d'émergence d'agents pathogènes des plantes, à l'origine d'invasions biologiques. C'est le cas de la pourriture brune des cabosses causée par *Phytophthora megakarya*, à la suite de l'introduction du cacaoyer en Afrique. Cet agent pathogène est endémique à l'Afrique et l'hypothèse la plus probable est celle d'un saut d'hôte à partir d'une plante native africaine. Dans le but de réaliser une étude populationnelle et d'identifier son centre d'origine, nous avons mis au point 12 marqueurs microsatellites. Un total de 727 souches anciennes et récentes, provenant de toute la zone de production cacaoyère en Afrique (Cameroun, Gabon, Sao-Tomé, Nigeria, Togo, Ghana et Côte d'Ivoire) a été analysé. Un mode de reproduction de type clonal a été mis en évidence dans l'ensemble des zones étudiées. Des méthodes de structuration et d'assignation ont permis d'identifier 5 groupes génétiques : 3 groupes Afrique Centrale (AC1, AC2 et AC3), un groupe Afrique de l'Ouest (AO) et un groupe hybride (MC) au Cameroun. Les 5 groupes étaient représentés au Cameroun, suggérant une origine camerounaise de *P. megakarya*. Au Cameroun, 3 zones géographiques ont montré une forte diversité génétique, mais la zone Ouest qui abrite les zones refuge à Sterculiacées et où ont été implantées les premières cacaoyères serait la zone d'origine et de diversification potentielle de *P. megakarya*. Le deuxième chapitre de la thèse a porté sur la dynamique spatio-temporelle de *P. megakarya* en champ, afin d'apporter des informations biologiques complémentaires sur la survie et la dispersion de l'agent pathogène. Une étude épidémiologique a ainsi été menée pendant 2 années consécutives dans 2 zones agroécologiques contrastées au Cameroun (savane et forêt). Les résultats ont montré une diminution significative de l'incidence de la pourriture brune entre les 2 années, en relation certainement avec une variable climatique. Une surdispersion de l'incidence de la maladie a été détectée à la fin de chaque campagne dans les 2 zones, mais l'analyse des semivariogrammes tout au long des 2 campagnes de production a mis en évidence une dépendance spatiale des arbres infectés dans la seule zone forestière. Des foyers d'infection ont été mis en évidence à travers l'analyse de cartes de distribution de la maladie au cours des 2 années successives (GéoStat-R). Nous avons par ailleurs étudié la variabilité génétique entre les souches du sol et celles isolées sur cabosses. Une plus grande diversité génétique a été trouvée dans le sol par rapport aux cabosses infectées, confirmant ainsi que le sol est bien la source d'inoculum primaire de *P. megakarya*.

Mots-clés : Pourriture brune des cabosses, *Phytophthora megakarya*, émergence, centre d'origine, marqueurs microsatellites, méthodes d'assignation, reproduction clonale, dynamique spatio-temporelle, foyers d'infection.

The introduction of exotic species in a new environment is at the origin of most of the biological invasions. Black pod disease of cacao is an emerging disease caused by *Phytophthora megakarya*, since the introduction of the cacao in Africa. *P. megakarya* is endemic in Africa and had most likely emerged on cacao following a host jump from an African native plant. In order to achieve a population study and to identify the center of origin of this pathogen, we selected 12 novel microsatellite markers. A total of 727 strains from all the cacao production zones in Africa (Cameroon, Gabon, Sao-Tomé, Nigeria, Togo, Ghana and Ivory Coast) were analyzed. A clonal mode of reproduction was detected. Structuring and assignment analysis allowed us to identify 5 genetic groups: 3 groups in Central Africa (AC1, AC2 and AC3), one group western Africa (AO) and a hybrid group (MC) in Cameroon. The 5 groups were represented in Cameroon, suggesting a Cameroonian origin of *P. megakarya*. Three zones in Cameroon showed a strong genetic diversity, but the West would be the potential zone of origin and diversification of *P. megakarya*. The second chapter of the thesis concerned the spatiotemporal dynamics of *P. megakarya* in the field, in order to bring additional biological information on the survival and the dispersal of the pathogen. We conducted an epidemiological survey during 2 consecutive years in 2 agroécological zones in Cameroon (savanna and forest). The results showed a significant decrease of the incidence of the desease between 2 years, in relation certainly with a climatic variable. A overdispersion of the incidence of the disease was detected at the end of each campaign in the 2 zones, but the analysis of semivariogrammes throughout 2 production campaigns enlighted a spatial dependence of infected trees in the forest zone only. Infection hot spots were detected through the analysis of disease maps (GéoStat-R). The genetic variability of soil and infected pods isolates was assessed. A higher genetic diversity was found in the soil, suggesting that soil is the primary inoculums sources of P. *megakarya*.

Key-words : Black pod disease, *Phytophthora megakarya*, emerging disease, center of origin, microsatellite markers, assignation analysis, clonal reproduction, spatiotemporal dynamics, infection hot spots.

www.ingramcontent.com/pod-product-compliance
Lightning Source LLC
Chambersburg PA
CBHW021048210326
41598CB00016B/1137

* 9 7 8 3 8 3 8 1 7 7 3 3 5 *